U0927419

날개가 없다,
그래서 뛰는 거다

没有翅膀，所以努力奔跑

——写给也被现实伤到的你

[韩] 诸葛铉烈　金度润　著
千太阳　译

CNS PUBLISHING & MEDIA
湖南文艺出版社
HUNAN LITERATURE AND ART PUBLISHING HOUSE
博集天卷
CS-BOOKY

图书在版编目（CIP）数据

没有翅膀，所以努力奔跑 /（韩）诸葛铉烈，（韩）金度润著；千太阳译. — 长沙：湖南文艺出版社，2013.7
ISBN 978-7-5404-6224-6

Ⅰ. ①没… Ⅱ. ①诸… ②金… ③千… Ⅲ. ①成功心理-通俗读物 Ⅳ. ①B848.4-49

中国版本图书馆CIP 数据核字（2013）第112032号

著作权合同登记号：图字：18-2013-229

上架建议：社科 · 心理励志

没有翅膀，所以努力奔跑

作　　者：（韩）诸葛铉烈　金度润
译　　者：千太阳
出 版 人：刘清华
责任编辑：薛　健　刘诗哲
监　　制：张应娜
特约策划：郭亚维
版权支持：文赛峰
营销编辑：刘　虎
封面设计：雨　林
版式设计：姜利锐
出版发行：湖南文艺出版社
（长沙市雨花区东二环一段508 号　邮编：410014）
网　　址：www.hnwy.net
印　　刷：北京天宇万达印刷有限公司
经　　销：新华书店
开　　本：880mm × 1270mm　1/32
字　　数：210千字
印　　张：9
版　　次：2013年7月第1版
印　　次：2017年10月第7次印刷
标准书号：978-7-5404-6224-6
定　　价：29.80元

质量监督电话：010-59096394
团购电话：010-59320018

卷首语

有两个男人从20岁起就开始与残酷的现实做斗争了，有一天他们聚到一起聊起了关于青春奋斗的话题。

“我们所在的世界有没有真实地反映出现实的青春呢？其实我们的青春如此残酷，但大家却用各种美丽的辞藻把它渲染得那么美妙。我们能不能给20多岁的年轻人讲一讲属于大家的真实的青春故事呢？我们的起点要比大多数年轻人低，没有什么可依靠的，不过我们现在取得了一些成就，或许可以给他们讲一讲我们的体悟吧？就当是我们献给每个人曾经或者正在经历的青春。”

接下来，他们下定了决心：好，就给他们讲讲我们的故事吧。

我们渴望为之奋斗的并不是遥不可及的希望，

而是具有实际意义的改变。

以此心态，祝你早日实现心中的梦想！

—敬上

Contents

目 录

Part I 没有翅膀

诸葛铉烈的“毒舌”

Chapter 1 青春，你必须正视的冷酷现实

Chapter 2 为什么我们一毕业就会失业

Chapter 3 一无所有的青春，我们拿什么实现理想

Chapter 6　我成就自己的十一种方法

Part I

没有翅膀

诸葛铉烈的“毒舌”

Chapter 1

青春，你必须正视的冷酷现实

“儿子，当你认识到人生的不平等时，你的人生才真正开始。”

这是微软公司的比尔·盖茨曾经对他的孩子说过的一句话。

社会从来都不是公平的。这是因为社会是在公平原则下运行的。

所谓公平原则，就是同等地对待同等的人，不同等地对待不同等的人。

从公平原则来看，学历的差距就是一种不平等。

然而我们要承认这种不平等，

虽然我知道这种理论会让人有些不舒服，但这是我们必须正视的事情。

因为这是一切的开始。

人是未来

胡说
学历才是未来

决定你未来的是学历，而不是你自己

我毕业于启明大学，就是人们通常说的“三流私立大学”。而在我们韩国，就是这种三流大学的毕业生占据了应届求职者的百分之七十七。

不过老实说，学历没有给我带来过任何烦恼。我更注重个人的努力，因为从一开始我就只想学广告，自己之前付出的努力，跟其他人相比也足够了，我也理所当然地认为自己会得到相应的回报。

大学时期我修了两个学位，其中一个是辅修学位，平均学分①超

① 韩国每个学校的满分有所不同，主要分为4.5满分和4.3满分，一般情况下是采用4.5满分制，采用4.3满分制的大部分是工科大学。以满分4.5为例，满分100的，学分换算为：96~100分，授予A⁺，学分4.5分；91~95分，授予A，学分4.0分；86~90分，授予B⁺，学分3.5分；81~85分，授予B，学分3.0分；76~80分，授予C⁺，学分2.5分；71~75分，授予C，学分2.0分；66~70分，授予D⁺，学分1.5分；61~65分，授予D，学分1.0分；60分以下，授予F，学分0分。

过了4.0。我在四十多场公益广告展上荣获过各种奖项，其中三次长官奖，十四次大奖。在韩国最有名的公益广告展上，我是第一个以大学生的身份连续两年摘得大奖的人，我还在最著名的广告大赛上连续三年分别获得了一次金奖和两次银奖。我获得的最后一个奖项是“韩国人才奖”的总统表彰奖。

我说这些，并不是想要炫耀自己的获奖经历和成绩，只不过是想堂堂正正地说，为了值得期待的明天，我自己曾倾尽全力。所以当时我认为，自己已经为毕业做好了准备。

但当我觉得自己已经做好进军社会的准备时，却发现眼前可选择的工作和其他准备就业的大学生没什么两样，我们都只能通过各种渠道寻觅渴望进入领域的相关招聘公告。当时，有一家广告公司的招聘公告引起了我的注意。那是韩国国内首屈一指的某财团的子公司，他们正好在招实习生。现在想来，当我为申请其中一个职位，点击进入到他们官方主页的时候，我第一次结结实实地遭遇了“学历门”职位……我在主页找了半天都没看到申请表格的影子。实在找不着，我就决定给那个公司打电话询问。我问对方从哪里可以得到贵公司的职业申请表格，却获得了完全出乎意料的回答：

“不好意思，请问您是哪个学校的……”

我没什么顾虑地说是启明大学的。

“对不起，我们这次招聘范围中不包括启明大学”，这是对方的原话。

其他一句话都没有问：我是什么样的人，有着什么样的梦想，他一句都没有问！我是以什么样的心态学广告的，付出了怎样的努力，今后渴望踏上什么样的道路，他一句都没有问！

甚至，连跟广告职位招聘相关的任何问题都没有问。只有那么一个问题，一个我一直以为和广告本身没有半点儿关系的问题。而且对方抛到我耳边的唯一一句回答就是“你不行”。正是那个时候，可恶的学历问题悄然地浮现了出来……

最讽刺的是，当时那个集团的企业广告标语竟然是“人才就是我们的未来”。可能有人至今都记得那句广告语。我们在很多演讲中都听到过，那的确是一个不错的创意，那家企业的形象也会因那句话而增色不少。获得业内外广泛好评的那个广告，核心就是“人才就是我们的未来”。

不过很可惜，他们所渴望的那些能够引领他们“未来”的“人才”并不包括我。更准确地讲，不可能是我！因为我没能正确地理解“人才”这句话背后的含义。其实在他们的定义里，“人才”的前面一直有一个没有明说的限定词，那就是可恶的“学历”。所谓的人才是未来，其实是有学历的人才才有未来。

让我们拥有未来的居然不是我们自己，而是学历。

这个事件给我带来的感觉不是愤怒或心寒，而是一种觉醒，是对这个世界全新的认识。从那次事件之后，我就开始了曲折而际遇多舛的人生。

首先，我开始对学历这个东西重新进行了审视。经过仔细思考，原先一些看不到的却实实在在起作用的东西渐渐地进入到了我的视野中，并且我对那些肉眼看得到的东西也有了全新的解释。接下来，我就要对你说说我感受到的事。

在全面进入话题之前，我要先对各位说明白，这些故事不会给你带来任何愉悦感。故事的最后没有“车到山前必有路”之类的鼓励，也没有“一切都会过去”之类的祝福，更没有“啊，不要这么痛苦下去了”之类的安慰。

我对诸如此类的鼓励、祝福和安慰比较反感。无谓的鼓励会让你丧失从失败中学到一些东西的机会，无谓的祝福只会让你在现实中留下更多的绝望，而无谓的安慰根本不可能让你真正从内心的痛苦中走出并继续前行。

另外，我认为自己并没有伟大到可以向他人进行传教式的指导，所以一旦我以师者自居，就不可能坦然地面对自己和书前的你，这些话题也只会成为虚有其表的故事了。

所以，我并不想让我的文字中出现关于“看到希望”之类的内容，也不试图安慰谁，我只是渴望表达出你真正需要看到的、需要准备的和需要思考的东西。此时此刻，如果你还在认真学习英语、考各种证书、参加实习、准备出国留学；如果你已经付出了千辛万苦，为寻找动力读过了各种名人演讲和自我开发类图书，却又只能徒然羡慕他人，始终认为“我绝对不行”，那你就是我想要谈心的对象，我会为你讲一个出身三流大学、没有年龄优势的男人，如何走上阳光大道的故事。

作为一个三流大学的学生，我在学历天国韩国生存的日子比你开始得更早一些。我自认曾经走过地狱般的道路，此时此刻，我正站在这条道路的终点，希望能向刚刚踏上这条道路的你提供一些警告和建议。我的这些故事也许真实又刺耳，但我仍旧期盼着各位能在这样的现实里寻觅到希望所在。

Welcome to the advertisement

Welcome to the 学历天国

现实世界里，
不是名牌大学毕业就什么都不是

我从迈向广告行业之初起，就遭遇了种种挫折，之后才开始正视社会对学历歧视的现实。虽然这种打击让我觉得不怎么愉快，但也确是一种新鲜十足的痛觉。我从来都没有想过别人会因为学历对我说“你不行”，也更不知道学历事实上是我无法克服的短板。

我一直认为努力可以弥补不足，热情可以掩盖残缺。不过，学历可不是努力就能补回来的，学历是以前走过的道路得到的结果。正因为如此，在向社会迈出第一步之前，我第一次遭遇的“学历门”带给我的打击的确不小。

随后我开始着手撰写我的第一份简历，那其实也是对我自己人生历程的一种客观整理。我写完之后，越看越觉得那是一份人人都羡慕的充满“霸气”的简历。不管给谁看，都没法挑出什么毛病。当时我觉得，第一次申请时所遇到的事情只不过是一次特殊的开局罢了，那家公司可能在选拔人才上有点儿挑剔，还会有很多不过分强调学历的广告公司，而我遇到的这个奇葩只不过是沧海一粟罢了。

没错，当我完成简历时，我的确再一次找回了自信心。我确信接下来会一帆风顺——直到遭遇第二次打击。

第二次打击发生在韩国广播广告公司主办的“希望工程”中。该公司面向热爱广告行业的人开展了一个为期四天的专家培训项目，这个项目就叫作希望工程。受邀的讲师是大公司的策划和制作精英，那些大广告公司都是广告专业大学生们梦寐以求的地方。我觉得这是一个能够让自己接触到实战的绝好机会，于是就报名参加了。

在参加培训时，我按照讲师们的人数打印了简历。因为广告界通常会以宣讲会的方式招聘，所以我认为只要能够遇到理解我梦想的负责人，就一定会对自己的就业有帮助。

培训学习期间，我打算只要讲师授课一结束，就拿着简历去找他们座谈，这也是一种自我推销的方式。其中有一个人对我的经历表现出了独特的兴趣。他在韩国各家著名广告公司都曾任职过，现在已经是自己创办的公司的CEO了。在认真审读完我的简历之后，他对我说了一段让我永生难忘的话：

“从简历中可以看出你是真心喜欢广告这一行业，这也是我看到过的最华丽的简历。铉烈君将来肯定能成为一个出色的广告人。”

“所以我就不绕圈子了。不管铉烈君多么努力，都很难成为大广告公司的策划，因为到那里做策划必须要看学历。”

“要不要先打消做策划的念头，考虑一下在制作方面发展呢？或者先去小的广告公司积累一些经验，日后再转投到大公司也不失为一个好方法。要想进入主流企业，经历固然重要，但学历也是不可忽视的，所以你可能还需要去读硕士。”

那个人的真诚忠告，就是要么从策划改做制作，进入广告行业；要么先进门槛较低的小公司积累经验，等考到更好的学历之后再寻求机会进入大公司。换句话说，不管我现在如何努力做准备，都是徒劳的，因为学历门槛就摆在那里。

我什么话都没说。这次打击要比第一次更厉害。因为我原以为是个案的现象突然变成了规则般的现实。难道无论我怎样努力，都无法成为广告策划人吗？各种令人不安的忧虑开始在我脑海中盘旋。那些疑问让我久久难以释怀，深深地刻在了大脑中，仿佛在对我说：

“这里是广告界，欢迎来到学历天国。”

狗咬人不算新闻
但人咬狗会上头条新闻

能上头条的绝对不是普通的事

你之所以绝望，是因为你不切实际的期望

但从结果看来，我现在在LG集团下属的一家叫作HSAD[①]的广告代理公司上班，这家公司是韩国第三大广告公司，比我第一次递交申请的那家公司和给我忠告的那位先生所在的公司规模都更大。在这个被誉为学历天国的广告界内，我曾经连申请资格都没有，别人也断言我一定不行，现在我却成功地进入了这家公司。说是成功也绝不是我自大。

我的故事讲到这里时，你可能会想：

“世界上果然没有什么事情是不可能的，只要努力就可以实现。”

事实上，还有几家新闻社邀请我，想以“克服学历门槛的人”

① HSAD：韩国一家大型综合性房地产公司。

为话题采访一下我。不过，扪心自问：“我就有十足的把握克服学历门槛吗？”我没法立刻回答。当然，我是真正凭实力成功越过学历这道门槛，并得到了身边人们的高度评价的人，但“学历门槛其实也没什么，最终都是可以克服的”这种话，我却始终不能毫无芥蒂地说出口。

在这里，我们可以找到一个其他书本传记中从未提到过的现实矛盾（至少在我看过的自我开发类图书或关于个人成功方面的文章中从未提到过）。

让我们冷静思考一下。我们公司大概有四百多人，其中2000年之后三流私立大学出身的策划人员只有我一个，这四百多人中总共有一百多人从事策划岗位的工作。传说我们这个部门如果没有高学历，就不可能进入，所以至今在这一百多名策划人中（包括20世纪和21世纪进入公司的）最高学历为三流私立大学的人也只有我一个。

四百多名员工当中，因为成功进入HSAD而备受关注的人也仅仅只有我一个。我所毕业的启明大学广告传播系成立于1999年，而从那时候起到现在，毕业之后能进入大企业广告公司的人也只有我一个。

进入公司之后，人们最常对我说的话就是“真了不起”。对于一个刚刚就业的人来说，别人如果说你“辛苦了”“很不错”之类的话可能更正常、更贴切，然而“了不起”这种话实在不太合适。

那这意味着什么呢？只是被这家公司录取了就成了某种意义上的独一无二，成了头条新闻，还受到了“了不起”的评价，这种现象说明了什么呢？这也就是说，我这种现象是非常特殊的。从数据上也可以看出，我的情况的确很独特。这里面暗藏着一个非常矛盾的现实：

我这种特殊情况，是不是也适用于一般人呢？

“既然已经有人做到了，你也一定可以做到。既然有先例，那每个人也都可以做到”，让我们仔细地想一想，这句话到底对不对？

我认为完全不是这样。如果某件事情是所有人都能做到的，那就不会有人站出来大喊要有自信，充满希望；如果某个困难是每个人都能够克服的，就不会有那么多年轻人要从励志故事中寻求精神支柱了。我在很多书籍、媒体报道或演讲中，听到过很多这种故事：某人通过自我奋斗最后取得成功，从而给大家带来了极大鼓舞和动力。大部分人会看着这些故事产生自信和希望，以肯定的思维方式陶醉在自己营造的希望之中。

这是显而易见的误区。人们听了这种特殊的个案，就认为自己肯定也能成功，这是一种焦躁心态驱使下的幻觉。而且，有太多的人误入这种误区，让自己被强行灌输了“你也可以”的思想。

古人说过，“乱世出英雄”，也就是说乱世之所以会召唤英雄，是因为乱世缺乏英雄。我不靠学历取得成功的个案居然被捧成头条新闻和传奇故事，正是因为并不多见。如果你一味地被那些打了鸡血的励志话迷惑，内心产生了不切实际的目标，那么最后得到的很有可能是更大的挫折感和失落感。有人说没有希望就没有绝望，但我想说，人之所以会觉得现实令人绝望，是因为之前抱有不切实际的希望。

与有煽动性的励志语录恰巧相反的事实是“其实你无法不正视学历的影响”。并不是每个人都能成功克服自身的学历短板，在社会中发挥出自己的才华的。实际上，很大一部分人是无法克服学历问题的，只有少数人才能够克服学历的束缚，在事业上一展宏图。此时此刻读这本书的读者当中，也只有少数人属于这一类，这就是现实！

公平
永远会公平地对待同等的人，
不公平地对待不同等的人

公平
所有社会补偿的决定标准
我们不得不承认的现实

这个世界公平原则只适用于强者

那么，这是为什么呢？为什么我们当中只有一小部分人会成功呢？

答案很简单。所谓成功就是一种补偿，而补偿是由“公平原则”驱动的。

我们的社会虽然会根据机会保障平等，但补偿是由公平原则实现的。所谓公平原则指的就是，同等地对待同等的人，不同等地对待不同等的人。每个人都有机会进入小学，不过人们会根据公平原则把成绩优秀奖补偿给受到评价较高的人。另外，小学的时候，某个人因为拿到好成绩而得到奖励，我们不会觉得这是不公平或是不公正的事。我们的潜在意识是知道平等和公平的差异的，也一直生活在由公平原则驱动的补偿体制中。

学历也一样。拥有高学历的人在初中和高中至少六年的时间里，要比一般人付出的更多。对这六年的努力，最好的补偿就是高学历，而这些高学历的人会比社会中其他的人得到更好的机会，这一点是毋庸置疑的。

让我们再看看主张“能力比学历更重要”的人的说法。所谓的能力，存在的前提是除学历之外，个人需要倾注努力（公益广告展、英语成绩、各类证书等）。不过就像前面提到的一样，我们不可否认，学历也是之前很长一段时间努力的产物。

如果我们承认能力比学历更重要，那就等于一方面我们认可了获得学历之后付出的努力，另一方面却否认了获得学历之前付出的努力。所以，这种主张有没有说服力呢？

我认为这种想法十分偏颇。进入大学之后所付出的努力，不一定会大于考大学之前付出的努力。我们认为眼下自己所付出的努力有价值，但也要承认过去的努力具有同等的价值。只有这样才算是公平吧？

可能有人会说：“话虽那么说，可如果承认学历束缚是我们本身无法克服的话，那岂不是再怎么努力也无济于事了？这是不是太残忍了？”

过去的结果不应该对现在产生绝对的影响，这乍看非常有说服力，但这里我们也走进了一个误区。

高学历的人，今后也会付出和我们一样的努力，或者会比我们更加努力。而且很不幸的是，很少有高学历的名门高校大学生会安于现状。

大部分得到高学历的人会继续通过十分的努力来提升自己的能力。最终，“名校大学生”和“非名校大学生”的成功概率产生了那么大的差异，其原因——

不是因为“得到学历之后的努力<得到学历之前的努力”，

而是因为“得到学历之后的努力<（得到学历之前+之后）的努力”。

根据这一结构，付出更多努力的人得到了比其他人更多的补偿，这不正符合公平原则吗？

而我们又怎样呢？不管怎么证明公平的合理性，现实中因学历歧视带来的挫折感让太多人轻易放弃了自己。这种被轻视和刻薄的情绪，很容易让我们产生不平等或不公正的感觉，这种感觉会让我们被某个报道或新闻中所提到的“要看人，而不是学历”之类的话轻易打动。高中学历的人成为了某家公司的骨干，三星招聘了几个高中毕业的新员工，某企业求职书中根本就没有学历这一栏，这一类新闻报道仿佛在告诉我们，现在的社会正在朝着这种方向进步，或者说这种方向才是最正确的。

学历这个东西，从确定的那一刻开始，你基本上就不可能再改变它了。没什么特殊情况的话，启明大学永远都是启明大学，而首尔大学永远都是首尔大学。

学历是永远不会存在向上的平均化的。在社会和企业看来，没什么手段比这种分级制度更有魅力了。在我们这个人才供大于求的时代，通过学历可以在万千求职者中筛选出少数优秀的人才，因此，学历始终彰显着不变的价值。了解了这一点，我们还能逃避现实，在无数的信息中只看那些更符合我们口味的、最能安慰我们失落感的消息，选择性地自我安慰吗?

我们要明白一个道理。这种自我安慰虽然会带来暂时性的效果，却无法改变现实本身。有些公司说不会看学历，这种报道会受到全社会的关注，就是因为这种事情根本就不常见。我们基本上不会听说哪个高中毕业的人能在一家大公司当上高管。事实是我们所希望听到的故事、所盼望的社会评价标准根本就不会出现，所以社会才会把这些小概率事件刻画成大事件，用这种稀有的事例满足我们美好的幻想。

如今，你应该明白了，这个任何讲师、励志图书、媒体中都不会提到的现实了吧？小时候，奖励只会给那些成绩优秀的人，同样，这个时代也只会给更加优秀的人提供更好的位置。小时候的奖励是根据成绩来体现公平原则的，同理，更好的位置也只会留给更高学历以及更努力的人。

当我们认识到学历只是衡量公平原则的一个标准，并且为了学历付出的努力同样属于学历的一部分时，我们可能就会从怨恨学历慢慢变得认为这一切都是情理之中的事。

或者说，我们不得不接受这样的现实：小概率事件就是小概率事件，我们不能总指望它变成普遍现象。我们对学历产生的盲目矛盾、过激反应和受害意识，这些早就应该放下了。

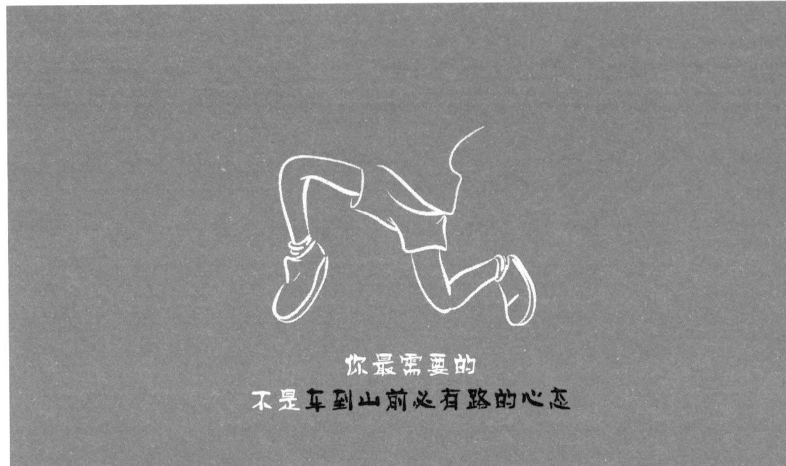

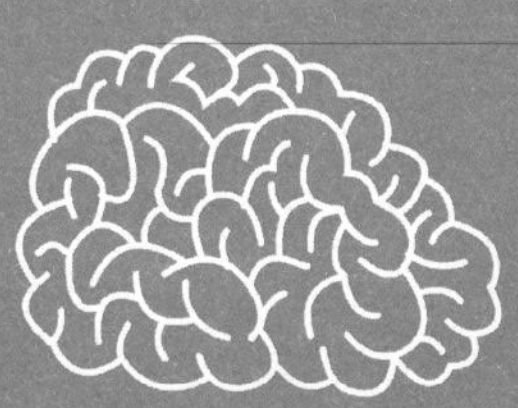

而是能够正确了解自身状况的大脑
只有知道了自己在哪里，才能知道你“要去的地方”是哪里

你再努力也无法逾越学历的高墙

我之所以会讲这么多有关学历的话题，并且主张大家不要因为没有高学历就把自己看得低人一等或者认为社会对你不公，而是要把它看成“情理之中”的事，是为了让大家能够更加清楚地认识到你自己所处的位置。如果有人问为什么，我想是因为一个人只有能准确地认识到自己站在什么地方，才能知道怎么去改变自己的现状。

我很不喜欢一句脍炙人口的俗语：“是骡子是马，要拉出来遛遛。”

当然，我并不是想贬低这句话所涵盖的一个人应该具有的挑战精神、实践和执行能力。是骡子是马，如果不拉出来遛遛你就不知道他是不是有才能，是不是能胜任工作，但是换个角度来看，遛完了之后知道了真相时，大多数情况下不是为时已晚了吗？如果这是事关人生前途幸福的大事，就更不能轻易冒险了。

这从《三国演义》中就可以看到。关羽被东吴所杀，刘备就浩浩荡荡地率领七十万大军欲攻打东吴。此时诸葛亮站出来劝阻，他细陈了当时不能攻打吴国的七个理由，但刘备还是没有打消攻战之念。这时，刘备和关羽的结拜义弟张飞站出来说道："吴国根本不值得一提，战争这个东西一定要打了后才能知道结果，是骡子是马，拉出来遛遛便知分晓。"他强力反驳了诸葛亮的观点。对此，诸葛亮仰天长叹道：

"如果说事发之后见分晓是一个将军的观点，那么事发之前识分晓便是一个军师应该起到的作用，也应该是君主应该做的事……"

但刘备还是发兵了，最终七十万大军全军覆灭，刘备本人因此也在白帝城含恨而去。

我认为，这个古代故事对今天的我们也有所启迪。学历带给我的自卑感和生存压力，可能会使我们抱着与张飞一样的心态去否定学历，我们会说：

"学历这个东西越想越让人心烦。还不如真正学一些东西来得实际。反正成功也不是完全要依靠学历，你还有其他的优势，只要一个一个地去准备，肯定也会成功的。"

然后我们就会辗转于各个图书馆，与各种书籍斗个你死我活。这些人拼命学习英语，准备托业考试，有的人把精力全放在了制作就业简历和自我推销上。或者有的人一听到别人找到了如何好的工作，就会五分嫉妒五分激情，重新把头埋进书堆里亢奋地去学习。

那我来问问你，通过这种方式，果真所有人都能得到应有的回报吗？答案必然是否定的。如果是的话，现在就不可能有这么高的青年失业率了。现在社会上就业培训班的数量在增加，托业分数的平均值也在不断地升高，而失业率还是势不可挡地在上升。其中，三流大学的毕业生失业率更是占据着压倒性比例。这是不是很具有讽刺性？

这一切说明了什么呢？就算努力也没办法找到工作的人数在增加，而其中绝大部分人都出身于三流大学；这样的现实状况又说明了什么问题呢？是骡子是马，拉出来遛遛，有着这种心态的人们最终也会和刘备一样，逃脱不了失败的命运；为什么在这种状况下，都没有人有下面的想法呢？

“只是努力蛮干，也不一定成功。”

就像因为一时冲动最终含恨而死的刘备一样，当我们知道最终结果的时候，一切都已经来不及了。投入了很多时间和精力，付出了很多的人，最后连这颗定心丸也没有了。这时，你想要重新开始生活，又觉得为时已晚，或者又重新陷入迷茫根本不知道该从何处下手，于是很容易再次陷入彷徨的境地。现在去图书馆看看那些衣衫不整、埋头和书较劲的已经毕业了的学长学姐，你会发现这样的人并不在少数，这时你就会对我这句话感同身受了。

我们的青春是有限的，这有限的时间不允许我们浪费在无谓的毫无目的的努力上，我们要学会接受现实。

盲目努力最终成功克服现实困境的人，几乎没有。

正因为这样，我们才需要清楚地了解自己所处的位置，并承认现实。只有了解自己在什么位置，领先于你的人到底比你走得有多快，你才能清楚地看到与他们的差距，而只有认识到了差距，才能有正确的认识，去思考到底应该通过什么样的方式才能缩小这些差距。

更重要的是，什么时候认识到这种差距，认识到差距的时候自己还剩下多少时间和机会。如果张飞早早认识到己方军队的处境，就不会白白牺牲掉七十万人马了。同理，事先料到这种差距的话，我们就不用牺牲那么多宝贵的时间，更不用去叹息流逝的时光，倚在冷漠的高墙下暗自痛哭了。这就是为什么我们要尽快承认学历高墙的存在的原因。

在这里总结一下前文中所说的内容。

学历同样是努力的结果，并作为社会补偿的手段发挥着公平原则的平衡作用。

有高学历的人，此时此刻也正付出着不亚于你的努力。

在这种状况下，我们不能盲目地采取“蛮干”战术。

承认这三点，准确地认识自己，这样，我们就可以冷静下来，脚踏实地地站在自己的位置上，客观地判断了。了解我们所处的位置在哪里，你与前方的人差距有多远，明白单纯用蛮力是不可能填补这些差距的，这样你才能找到解决问题的根本方法。

我坚信，一旦有了这种心态，很多东西都会随之发生改变。

要知道，别人拥有的高学历并不是你要去比、去战胜的目标，那是属于对方的优势，你要积极地去寻求合适的方法来塑造你自己的优势。

可能有的人会觉得，眼下已经准确分析了当前的问题，也做好了面对未来的心理准备，接下来只要静候、找到自己的优势就可以了，不过很抱歉，我还有一个让你不快的话题没有讲，这就是行为上存在的问题。接下来的话题可能要比之前的内容更加令你焦虑，不过我认为每个人都有必要听到这些大实话。

Chapter 2

为什么我们一毕业就会失业

学历已是你与别人难以克服的差距，

不过你也要扪心自问，

到底该不该一味埋怨学历。

是不是学历好点儿了，你就能成功？你有这种自信吗？

不管是给学生演讲，还是去见一些后辈，我都会说：

“你失败的原因并不是你三流大学的出身，而是你根本过着三流大学生的生活。”

“不是因为没有高学历你才失败，而是因为你根本过着一种没有高学历的人才过的生活。”

让我们回头看看自己以往的生活，

你对自己问心无愧吗？你还有资格埋怨学历吗？

你的大学跟名牌比也许差得很远

但是敢问，
你在这样的大学又拿过几次第一名？

没错，是三流大学，但你在这里得过一次第一名吗？

有一次我去一所大学做演讲。那所大学虽然位于首都，但级别并不是很高。演讲结束之后我和几个听众一起用餐，其中有一个二年级的女生对我这么说：

“我们来到这所学校，的确是因为高考的时候付出的努力没有别人多。不过再怎么样，入学前想的和现实的差距也太大了。师兄师姐们说从这个大学出来的人，在社会上没有竞争力，而且专业也是冷门……真不知道以后该怎么办。老实说，最近大街上是个人就是大学毕业生，我们上学一点儿用都没有。”

几乎在场的所有人都对这些话表示赞同。话的确没错。正如我在前文中所提到的那样，学历高下有不同，专业也经常会分热门专业和冷门专业。不过当时我的回答是这样的：

“你说的一点儿都没错。我也赞同你说的话。不过，我觉得有些事你还是应该问问自己。既然如此，你本人在这所不起眼的大学、不起眼的专业里拿过第一名吗？不仅仅指成绩，也包括其他领域，哪怕是某一个领域内你拿过一次第一名吗？”

所有的人都在说自己大学的不好，但是这些人在这个专业的人群中，或者在这所大学的这个专业里拿过第一名吗？虽然在全国所有的大学生中拿第一名很难，但既然你说这里不是一个好地方，没有任何竞争力，是不是应该可以在这里轻松拿下第一名呢？如果不是的话，岂不等于承认自己连这种学历都不配？

你们都知道，我毕业于启明大学。我平时经常对后辈们说，“我们的大学的确没能为自己的简历加分。或者，至少不是可以拿来炫耀的东西。所以说，如果在这里拿不到第一名的话，你就得想想这到底意味着什么。在批评你的学校之前，应该要冷静地想一想，你在这样的学校中到底获得了什么程度的评价”。诉苦和批判之间只隔着一张薄薄的纸。这张纸就意味着资格，我所说的话也是关于这种资格的。

我们经常抱怨自己的学校、学历不够好看。不过更多的，我们中的大部分人在自我贬低的自己的大学里表现得既不出色也不优秀。

我们应该承认：当我们进入社会之后遇到种种回绝，很多人都认为百分之百是因为学历，不过大多数情况下，这些人除了学历之外，自己也没有其他值得炫耀的东西。

每个人都有过三年或四年的大学时间，这段时间当中也肯定有过不少展现自己的机会。我所说的机会，并不是指要你在全世界或者韩国中取得什么样的成绩，而是在我们自我贬低的自己的大学里展现自己。假如我们连这种机会都抓不住，从未付出过努力，连在自己眼中的低等人群里都成不了最好的一个，那我们还有什么资格去埋怨学校、学历呢？

就算不是他人所羡慕的高端领域或好位置也无所谓。能在相关领域做到顶级，肯定会给你的人生带来巨大优势。到那个时候，你就可以站在顶端展望未来了。站在最高点的刹那，你会有一种一览众山小的感觉。和那些站在半山腰就在妄想天有多高的人相比，两种认识达到的高度之间的差异就是认知和叹息的差异。认知产生策略，而叹息只会增加人的挫折感。

如果你正因为学历而苦闷，那你就该问问你自己了。此刻的你是不是站在了最高点？可以肯定的是，很少会有人已经站在了最高点的位置上还会有挫折感。我们在半山腰空叹息，倍感挫折，不能怪任何人，要怪只能怪你自己。

我问我自己，曾几何时，你当过顶级吗？我的回答是“有过”。你也问问你自己，你的回答是什么，如果不能说出“是”，那么对不起，你真正需要的是自我反省。

你为自己画的线

还没有硬着头皮试一试，就画出来的那条线

先给自己的人生画定了高度，以后能有什么作为?

2007年，我第一次挑战韩国的大学生广告大赛。那是公益广告展中规模最大的一次，参与的大学生人数也是最多的。与此同时，我还参加了水资源公司公益广告展和青少年政治协会主办的影像公益广告展。当时，我对公益广告展一无所知，却同时准备了这三场。

中途我遇到过不少挫折，其中最让人记忆犹新的就是大家对你举动的反应。特别是前辈们对我说过这样一些话：

“上大学期间，能在全国公益广告展中获一次奖就很不容易了，你得知道自己到底有多少能力。同时参加三场公益广告展就是不是有点儿勉强了？到处撒网，最后很可能全部落空，你就把这次当成积累经验的好机会吧，最好只专注其中一场。”

先从结果开始说起，我在三场大赛中都获得了奖项。很多人说我这是贪心，得了奖也是勉强得到，不过我的的确确是拿了奖项。之后我就有了全新的感受。

我们大多数人都喜欢给自己限定一个界线。

我认为，反正都是大学生，这些平台不就是为了让我们用学到的知识一决高下的吗？不过很多人的想法却是：就算试试也没用。理由很简单，因为没有谁真的拿过奖。随后我还参加过很多公益广告展。在展会上也碰到过不少从全国各地来的同学，其中也有很多像我这种在二流大学学习的朋友，他们听到的话和我听到的一样。

我们是不是把自己的那条线画得太低了呢？跳蚤能够跳的高度是自己身长的数十倍。不过当你用一个杯子盖住它，再过一段时间拿掉杯子的话，就会发现它只能跳到杯子的高度了。

明白自己的能力和极限是一件好事。不过如果过于贬低自己的能力，就很难有进一步的提升了。

了解自己极限的最好方法并不是去无端推测或即兴做出判断，而是要去尝试和经历。通过尝试，我们才能更清楚地了解自己的能力和创造的可能性，并且能据此确定自己能做什么事，不能做什么事，然后才可以努力地去完成自己能够做好的事情。这些努力会拉大你和同伴的差异，使你自己最终得到提升。

不过，倘若你从来没有尝试过、经历过，只凭着道听途说来的东西或自我贬低的感觉，就给自己画定一条线，那就等于自己放弃了一个可能获得巨大成功的机会。仔细想想，我们有没有因为自己学历低就忽视了努力去争取和尝试所有可以锻炼和提升自己的机会？你要想一想，有没有在一开始就无意识地把自己划分到了三流人群中。

读到这里，你又是怎样想的呢？你有信心说你不在我担心的人群范畴之中吗？

需要说明的是，我并不反对大家给自己画一条线，画一条线是必要的。每个人都有他自己的极限，说自己具有无限潜能的人都是盲动分子。事实上，我们每个人都有一条自己无法逾越的线，能力上也是有限的。但是没有尝试过，就着急给自己下定论，过低评价自己，就是先天地扼杀了自己提升的可能。就像某人所说的那样，青春给予我们最大的馈赠是我们拥有尝试的机会和权利，我们可以奋力地去奔跑，而不用担心摔倒后会很难看。虽说如此，但是现实中，我们很多人还是会过早地画出自己的那条线，而且会画得很低很低。所以你的问题也可能就在这里。

我们总以优秀的人为榜样

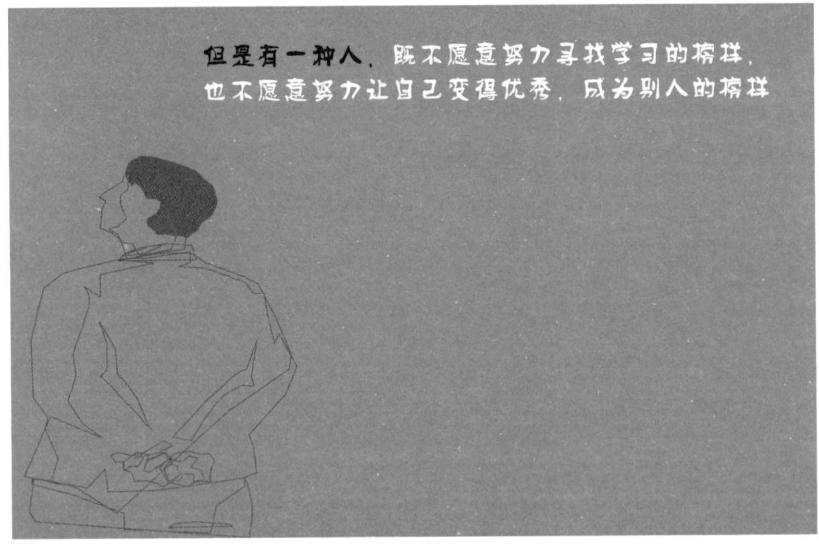
但是有一种人，既不愿意努力寻找学习的榜样，
也不愿意努力让自己变得优秀，成为别人的榜样

不找榜样学习，也不愿做别人的榜样，你永远都是三流！

严格来讲，我总共上了九年大学，其中参军和到海外研修用去三年[①]。随着时间的流逝，学校里面叫我“前辈”的人也越来越多，不知不觉中，我的前辈们都已经离开了，剩下的全是叫我前辈的人。

我经常对他们说：遇到好前辈，你就能成为好后辈；遇到好老师，你就能成为好弟子；遇到好哥们儿，你就能成为别人的好哥们儿。

有一次在酒桌上，我问一年级的师弟，我们学校优秀的前辈多不多。他们异口同声地说：“所有的都很不错，都很出色。”随后又问三年级的学生，我们学校下一届优秀的后辈多不多。他们也同样回答说：“刚刚入学的孩子们都非常善良，可以算是好学生。”

① 韩国男性大学生，可能在上学期间服兵役两年。

我听完说道：

“你们的确都是好孩子。但好哥们儿、好前辈、好后辈还是有差别的。一起吃喝玩乐、嬉戏打闹，难过的时候一起喝杯酒，开心的时候也一起喝杯酒，这样的人更多的是哥们儿或者姐妹，不是前辈。对我来说，前辈是能够成为后辈榜样的人，告诉他们大学可以给以后的人生带来什么的人。

“从这种意义上来讲，当一个好哥哥容易，但当一个好前辈就很难了。当哥哥笑一笑就可以了，但是当前辈就要教授给后辈一些东西，而其前提就是你自己首先已经获得了一定的成就。”

进入大学就会有前辈。而大学生活开始的时候，会听到前辈们说各种各样的话。不过他们能告诉你的大多是一些毫无价值的信息，比如期中考试应该怎样考，大学生活应该怎么过，哪些教授的课不错，哪些教授给的分高等等。有点儿年纪的前辈只会对现实发出无尽的感慨，比如要从现在开始学习啊、准备就业啊、学习英语啊，学历这个东西是不可小觑的啊，甚至还会说我们学校的毕业生是没有前途的、我们的专业也没有前途等等。仿佛在对晚辈们说这些话的时候他们也正在宣泄着心中的压抑。

但是问题在于，越是一般的大学，前后辈之间的关系就越是这样的。更严重的是，没有人对这种心理传递提出质疑。上一年级的时候，周边只有给你买酒喝和透露一些无关紧要信息的前辈，和这样的人相处时间长了，你自己也会不知不觉变成这样的前辈。你自己从入学开始就一直在这种语境下成长，等到了面对你后辈的时候，你跟他们传达的也不会有什么新鲜东西，无非还是这些抱怨。这种恶性循环日复一日地持续下去，最终大家都把“我们这破学历”当成了口头禅。

我冒昧地说一句，越是不怎么样的大学，好前辈就越少。

当然，这里所说的“好前辈”是按我的标准来确定的。不过，既然知道好前辈罕见，那为什么就不能下决心让自己成为一个好前辈呢？如果做到这一点比较困难，那为什么不努力去寻找好前辈作为榜样呢？你说学校里没有好前辈？那么，你找过教授吗？不要等期末成绩出来了再去找他，而是为了你的人生蓝图、为了寻求帮助去找教授。假如连可以帮助你的教授都没有，那你就应该走出校门了。换句话说，你口口声声地说在校园里只学到了酒文化和托业考试，那为什么不去想想为什么会这样，问问自己要改变这种状况，需要付出什么样的努力呢？

人是一种在彼此影响中学习东西的动物。一个优秀榜样的背影会照亮我们的前途，而这种光明也会照亮你，使你的背影也在以后去照亮后面的人。不尝试去寻找学习的榜样，或者不付出努力争取成为别人的榜样，日后只会怨天尤人。这样的形象，我们平时接触到的还少吗？

你会说：你说得天花乱坠，那你自己又如何呢？很惭愧，我过往的人生其实也跟你差不多。到二十五岁之前，我从没想过找个榜样成为自己学习的目标，或者努力让自己成为别人的榜样。我入学的时候年龄就比别人大，所以一开始就有人叫我师哥、兄长。很可惜，不管迎接了多少新人，我还是原来那个哥哥、兄长。一次都没有成为他们的前辈。我从未有意识地去结识可以作为自己榜样的人，所以在我的周围也都是混在网吧、出游时一起打闹的哥们儿。

不过学习广告专业期间，我为了日后能出人头地，绞尽脑汁让自己结识了不少优秀的老师，这也算是不幸中的万幸。我从广告学系教授那里学到了有关广告的知识，从文艺创作系教授那儿体会到了思考带来的快乐，从心理学系教授那儿学会了怎么去理解他人。

于是我的能力也在这个过程中一点点地得到了提高，这样一来，我结识好榜样的机会也就越来越多了。在一次海外志愿者活动中，我遇到了一个学生处处长，从他的身上我学会了要时时刻刻保持低调，把自己的身段放在最低处；在海外学习访问时，我从就业组组长那里学到了，要有为学校和学生着想的服务和奉献精神。

耳濡目染之下，我也渴望成为和他们一样能够给予他人帮助的人，最重要的是，在他们这些榜样的带动下，我们的学校也开始变得越来越好。这自然就使我想到了我所在校园里的那些后辈。虽然自己没什么东西，却组建了学会来分享我的财富，开始把我（因为没有努力）从前辈们那里得到的知识分享给他们，努力把我从老师们身上学到的东西交流给他们。回头想想，我没有信心说自己是一个好前辈，不过可以自信地说，我的确为成为一个好前辈而付出了努力。

在这个过程中，我看到了一些重要的变化。在我努力成为好榜样的时候，不知不觉间学校渴望成为好榜样的后辈数量在增加，而我为了不愧对他们，也在不断地提升自己。

我想，打断恶性循环的最佳方法就是有人站出来断开那段链条。每个人都可以成为传说中的“某人”。从遇到这些贵人之后，我不再为学历壁垒烦恼。因为他们和我一样都没有耀眼的学历，却有着一种出色的人生。所以我想问问：

你和我明明没有什么不同，凭什么不去做我能做到的事情？为什么没有做却不感到奇怪？为什么只会一味地去抱怨学历？

在三流大学、学历低的大学学习的最大缺陷之一就是很难找到好前辈、好榜样去学习，最后自己也很难成为这样的人。不过，无论是没有找到好前辈，还是自己没有成为好前辈，所有的这些责任都在你自己身上。你眼下可能会非常感激请你吃顿饭、喝顿酒的前辈，不过你真正应该感激的是把你塑造成好前辈的人。

让我们扪心自问：我到底有没有好前辈？如果没有的话，我有没有尝试去找这样的人？让我们扪心自问：我是不是一个好前辈？如果不是，那么就要好好反省一下，你为什么没能成为这样的人？同时要对后辈们怀有愧疚之情，因为你没能成为一个好前辈。

对于平凡的你来说

对于平凡的你来说
结果也只能是平凡的

一个模子里出来的毕业生能有什么与众不同？

有一次我和一个关系不错的后辈出去喝了两杯，他对我诉苦说：

“哥啊，这几天为了找工作我的头都要炸了。我托业考了八百分，托业口语到了六级，汉语证、MOS[①]证都有了，还出国研修过语言，实习也实习过了，但就是找不到工作。难道需要再考一遍把托业分数刷到九百分以上？……真不知道该做什么了。果然学历还是王道啊……”

我可以毫不夸张地说，这样的烦恼我已经听了一百多次了。和后辈们在一起的时候，总会有人讨论这种沉重的话题。我听完想了一会儿，说：

“面试的时候考官问你‘你在大学期间做过什么’时，你有没

① MOS：Microsoft Office Specialist，微软办公软件国际认证。

有说些与众不同的经历？”

“……不是没有时间嘛，哪儿有时间做其他的事情啊？”

“那我换个方式问你。如果你是老板，有两个面试的，一个是和你刚才所说的条件一样，不过没有什么特别的地方；另一个虽然表面竞争力没那么强，但有自己独特的经历，也对这个领域有着强烈的热情，那么你会选择哪一个？”

“……我想去证券公司，不过进去工作过了才能有经验啊，难道还要自己先炒炒股票吗？”

“如果说你曾经因炒股差点儿倾家荡产，那肯定是有帮助的。因为对方至少会认为‘啊，这小子原来对股票有这么高的热情啊，连倾家荡产都不怕’。另外，你经历过了最低谷，可能已经比别人悟出了很多道理或者秘诀，以后工作再努力些的话，这肯定就是你的优势了。重要的不是你还需要准备什么。要知道你和其他所有的人都差不多。跟别人都差不多，没什么特别的，所以不管你具备多少这样的条件，也都只是半斤八两，不是吗？”

这个后辈的情况还算不赖。至少他知道自己喜欢什么，同时还为了实现自己的梦想做出了不少努力。但从他身上我们也能看到一种无奈，那就是我们那一纸文凭单薄得风一吹就飘，我们的经历太过中庸和平凡，使我们无法拿出一个让老板无法拒绝你的理由。

我们再看看还不需要考虑就业的低年级学生。大部分人都只是在享受着大学生活。稀稀拉拉的课程、没人管的自由生活，自由到有人认为自己已经是大人了，大学生活好就好在这儿，下了课，有人还会去谈谈恋爱，或者找朋友喝喝咖啡聊聊天，有些人三五成群地去网吧打怪升级。还有的人去打临时工，甚至还有一些人会大白天的去餐馆喝酒。

这样的生活，你能攒下什么让人信任你的特别经历呢？

当然，我不是想抨击这些日常生活。二十岁到二十五岁的时候，我也几乎是在玩乐中度过的。而且我玩儿得比谁都厉害，也非常自豪自己的青春曾经能玩儿得那样开心，回头想想，其实每个人也都是这么过来的，没有什么特别的地方。

不过我以后经历的一些事情，造就了现在的我，让我有一些与一般人不同的独特体验和经验：我参加了40多次的公益广告展，并拿到了奖，我曾经用大量时间准备演讲，就是为了从中提升自己的相关能力，我曾独自一个人在非洲做过志愿者，韩国总统大选期间我还曾经用自己的钱制作广告分发给陌生人……这些都是我独特的经历，从中我学到了很多别人在吃喝玩乐的时候学不到的东西。

希望各位不要误会。我所说的特别其实并不等于“优秀”。我认为，具有与众不同的想法、与众不同的认知的人本身就很特别。但是，我们一般人，总是在无意识地忘记让自己“与众不同”。有人觉得与众不同，就是个性，这样的人需要承受周边的人施加的压力，有人觉得没有那么多额外的时间去做其他的事情，无法变得与众不同，还有些人觉得事已至此，做这些事情已经来不及了……不管怎样，我们平凡的大多数终究放弃了让自己与众不同，于是我们大家就都成了大体相同的人。

不知从什么时候开始，我们变得精明，只会很精明地去做那些“应当做的”事情，或“其他人都在做的”事情。每天都重复着同样的生活，甚至连玩乐的方式、努力的方式也都一模一样。虽然我会在后续的篇幅中重点说这些，但我现在还是想说一下，不知从何时开始，我们的经历也都变得像是从一个模子刻出来的。

在一个接近无限的“经历衣柜”中，我们只挑出了周围的人都喜欢穿的，或者眼下不得不穿的衣服，结果每个人看起来都差不多。没有被选择的衣服只好静静地掩埋在灰尘下。

我曾经在一次演讲中听到过这么一段话：

“我无法从各位身上感受到‘与众不同’。虽然我们人人都有过让自己变得独特的机会，但大多数人都没有抓住。因为大家觉得，自己身上有别人身上都有的东西，会显得更加有利。没准儿他们走过的路看似比其他路更宽广。

“但是当你的双脚迈入这条路的时候又是什么样的呢？到时候，你会发现比你更加优秀的人早已开着汽车驶过了那条路，路边上为数不多的花朵、清泉也都被他们拿光了。为了领先于他们，你可能需要放弃原来的坦途，去翻山越岭、去游江河，想方设法通过汽车无法行驶的捷径赶超到前头。很可惜，你没有选择这么做。而当领悟到这些的时候，你发现自己走过的路已经太远了，但是又不甘心轻易放弃，于是就在原地左右徘徊，这就是你。这就是毫无‘与众不同’之处的你。”

现在让我们回头来看看自己，看看自己现在所做的事，看看自己以前做过的事，有没有什么是值得你炫耀的独特之处？

如果你没有的话，那在我们生存的这个社会里，人家为什么不选择出身首尔大学的人，而要出身三流大学的你呢？

对于平凡的你来说，结果也只会平淡无奇。

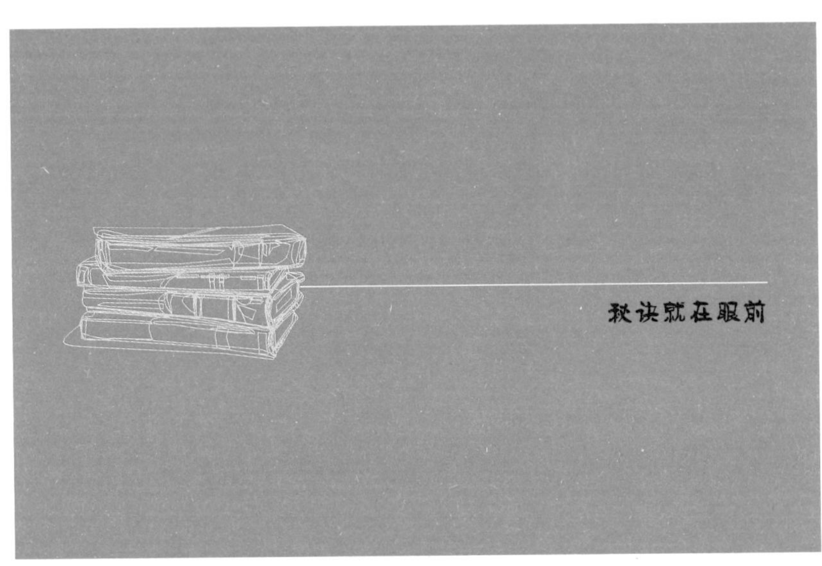
秘诀就在眼前

秘诀就在眼前
只不过你从来都没有把它当回事

所谓的秘诀不是一种方法，而是一种行为

自从在公益广告展上得了几次奖之后，我的人生迎来了几大变化：首先，开始有人请我去演讲；其次，不认识的后辈会找我解决心中的烦恼，还有就是偶尔有报社或杂志社来请我做采访。

到现在为止，我已经做过数十次的演讲、二十多次的采访和超过百余次的心理咨询，很奇妙的是，这三类人都对我问了相同的问题：

“如果想要和你一样，在公益广告展中表现出色应该怎么做呢？有什么秘诀吗？”

老实说，一开始我的确想炫耀一下自己，所以专门用一些夸张的话做出了回答。不过自从获奖经历超过三十次之后，渐渐地，我发现我的话语有了一定的影响力，也认识到自己有责任对别人说一

些有用的话，于是这种最常见的提问对我来说也变成了最难回答的问题。虽然之前对此类问题有过不少思考和烦恼，但我现在能给出的最佳回答就是“多读书”。

不过很可笑，我之前告诉他们“要有直观能力”“需要具备对事物的独特视角”“看看你能不能毫不费力地一口气写下一段文字”“多做一些案例分析，看看其中有没有适合自己的东西”等，这些让我自己都感到惭愧的回答往往会得到“啊，原来如此啊”的正面反应，而在我百般思索之后说让大家多读书时却得到了这样的回应：

“不要那种显而易见的回答，肯定有其他秘诀吧？”

这就是大家的反应。一开始我觉得说这种话的人实在难以让人理解，在经历了几次相同的反应之后，现在我会反问对方。

“您书读得很多吗？难道是因为读了很多却没有理想的结果才这样问我的吗？”

我对书的作用及评价要比其他人想象中的高很多。我自己通过书本学到了很多东西，通过书本获取了大量信息，也因而感悟到了不少道理。不过可能是因为从小起，大家就都经常听人说“多读书”之类的话，所以这些话大多都被当成了耳边风。尽管这样，他们还要坚持从我口中套出其他所谓的秘诀。

有一次在演讲中我说了这些话，一个男同学在演讲结束之后问我：

“在这个信息化的时代，只要用电脑和手机搜一下就能找到想要的东西，翻书是不是太没有效率了？只要是需要的信息和知识，大都可以从网络上搜。难道坚持原始方法有什么特别的理由吗？”

我敢说，这个学生肯定不是一个勤读书的人。他说得一点儿也没错，现在的确是信息化时代。如今每个人都可以通过互联网“智能”地获取自己想要的信息，网络上有着非常庞大的资料库。有统计数据表明，网络上一天内转发的微博量居然比一个人三百四十年阅读到的信息量都大，可想而知其规模有多惊人了。不过网络信息和书本有着明显的差异。

在这里我先不讲当时我对他讲了什么，先说说我面试的时候经历的一件事情。当时不知道是不是为了缓和一下尴尬的气氛，面试官对我的手机号提出了这样的问题：

“诸葛铉烈君的电话号码开头和结尾是011和555啊，这号码真不错啊。既然不是010开头，那应该是以前的电话吧？”

“是的，我还在用非智能机。”

“我说，现在可是智能时代，你难道不喜欢智能手机吗？”

“我不是不喜欢，只不过一旦用了智能手机，在地铁里就不会看书了，所以暂时还没有这种想法。”

“嗯……读书固然重要，不过在当今时代中获取各种信息也是一种能力，难道你有什么特别的理由非要读纸质书吗？这会不会反而会对你的竞争力产生负面影响呢？”

这正是那个男生在演讲之后提出的问题。

对那个学生，对那位面试官，我是这样回答的：

“网络只会告诉你你渴望知道的东西，但书本能告诉你你不知道的事实。这之间的差异其实要比想象中的大得多。好奇虽然会带来知识，但不为所知的东西却会让你醒悟。”

可能每本书之间都有一定的差别，不过一本好书中总涵盖着作者的人生。作者会把他在人生中经历过的烦恼，生活的精髓寄托在小说中、散文里。光是看作者们的思想，我就会学到很多之前不知道的东西，这就是书本所具有的力量。多读书就会了解各种人的人生智慧和思想，而这些力量会对我将来要做的事情产生很大贡献。

不过现实生活中，大多数人读的书太少了。韩国的人年均读书量是10.3本。就是说平均一个月会读一本，而且其中大多数都是读托业考试、托业口语或者自我开发类图书。10.3本书中有70%都是这类，文学或教养之类的书一年之中也只读区区的三本而已。

我们经常会误解，其实秘诀并不是一种特殊的方法，而是一种特殊的行为。所以那些对书本避之不及的人一听到我说“秘诀就是多读书”，就会把这话当成耳边风，甚至直接无视掉，这怎能不让我心寒！

读到这里的你又是哪一类人呢？想想你最近读过的书吧。如果只有自我开发类、托业、就业相关信息的话，你就应该感到惭愧。书是一张能够帮助你逾越学历高墙的入场券，而你却像一个典型的低学历人那样把它当成“随处可见”的东西亲手一张张撕掉！

说这句话之前我已经做好了挨揍的准备。

你失败的原因不是你三流大学的出身

你失败是因为你过着三流大学生的生活

以前看过一本日本人写的书，他在书上写明：“这是我做好了挨揍的准备写出的对韩国和韩国人的批判。”看着那本书，我心里在想，“如果有一天我能够出书，一定要写得直直白白，不惜气死别人”。虽然很早就有了想法，但笔尖要比我想象中的软弱得多。因为每当想起往事，我心中想说的每句话都会扎到现实的痛处，所以我不愿意谈论这些。

但我个人认为这些都是必须传达给读者的，所以我想用这种方式给第二章收尾。

各位大部分都是普通的大学毕业生，大部分人都不是顶尖学校的顶尖毕业生，并不是站在同类里的最高峰；其中尽管有些人非常努力，却也都是随大溜儿，完全没有自己独特的经历或者优势；你们一天天就这么平淡无奇地过着，从来没有想过当一个好前辈，也没有想着找一个榜样学习；平时一点儿书都不愿意看，就算读也只读那些与托业辅导相关的书，还指望用励志类图书来改变自己的人生和行为。不管是你身边的人还是你自己的切身体会，很多人只要在进入社会之后受到点儿挫折，就会有人平白无故地骂一句“可恶的学历”。

事实上，你的失败不在于学历，而是因为你的生活方式和跟你混在一起的人一样，都是过着三流大学生的生活。这一点你一定要明白。

我说这些不是说我把自己看成是成功进入了社会的前辈在炫耀自己有多么了不起，我也无意伤害各位的自尊心。学历给我带来的挫折也完全不亚于任何人。各位你们有没有人曾有过因为学历不够好，连投简历的勇气都没有的经历？虽然付出的努力很大，成绩也很出众，却因学历不行被否定的人有多少？是不是听过还有不少人想着一定要通过读研来刷新自己的学历？

我不会因为我们之中某个人的失败就把所有的责任推到学历身上。学历虽然是一个重要的原因，但一定不是唯一的原因。更大的问题是到目前为止你的生活方式。

在第一章承认学历重要性的人当中，不知会有多少赞同我在第二章中提出的行为层面的观点。而第三个话题正是给那些认可第二章内容的人准备的。

接下来我会告诉你该做什么、该怎么做。走过地狱一般漫长道路的我，想对过着三流大学生生活的你，讲一些与别人说的不一样的话，希望能够帮助你真正实现自我的转变。

Chapter 3

一无所有的青春，我们拿什么实现理想

学历是难以逾越的障碍。

想要超越它，我们就需要具备一些东西。

我相信我们所需要的这个东西就是“独一无二”。

不要当三流大学的某某某，也不要当没有学历的某某某。

就算是三流大学，就算没有学历，也要做一个特别的“你”，这就是“独一无二”。

不过请不要误会。

独一无二并不是突出。

只不过是打造属于你自己的价值。

独一无二并不是你战胜名校学生的工具，

而是将你和他们区分开来，凸显你价值的东西。

你要寻找的不是能够战胜学历的工具，而是让你拥有与学历同等重要价值的东西。

对于没有学历的我们来说，打造这么一个东西是必要条件。

对于某些人来说，
做独一无二的自己可能是一种选择，

可对你来说，
做独一无二的自己是必须的选择

对于我们来说，独一无二是唯一的选择

“你也知道，面试者中学历最低的人就是你。那我就不绕圈子了，请给我一个理由说明我们为什么要选择学历最低的你？”

如果有一天面试官这么问你，你会怎么回答？你会说“我比任何人都有热情”，还是说“我会比任何人都努力”呢？

我也曾被面试官这样问过，这是目前比较流行的压迫式面试。我是这么回答的：

“选我不是因为学历高或者低，而是因为我是诸葛铉烈。您之前可能见到过很多低学历的学生，但今天见到我这样的肯定是第一次。我是一把‘水果刀’，这里在场的所有应聘者都是‘瑞士军刀’，而且是德国产原装进口的。拥有高学历、高英语成绩、优秀的学分、多次实习经历等多种优势的这些人都是瑞士军刀。相反，我却只是一把小小的水果刀，用来切苹果的那种。

“但是，我敢肯定，无论是多么出众的瑞士军刀都无法像一把水果刀那样游刃有余地削苹果皮。对我来说，广告和营销就是苹果。我把到目前为止做过的一切努力和经历都写在简历上了。如果您需要的不是多方面的全才，而是“广告”这个单一领域中的佼佼者，那么我就是您的最佳选项。”

我认为，我们需要的不是多样化发展，而是在某一方面做独一无二的自己。当然，你也可以自称是文艺复兴型人才，与我进行一番激烈的角逐。不过我想说，我们这些人生经历没有多丰富的人想要追求多样化的发展，就意味着我们没有一个领域可以钻得很深。想拿这种深度战胜高学历，几乎是遥不可及的。

幸好韩国的所有大学生都有一个共同的缺点，那就是具备个性和专业深度的人并不多，而且同时是领域内独一无二又高学历的人更是罕见。所以说，没有必要在乎对方的学历怎么样，只要能够找到自己独一无二的地方，就能够拥有充分的竞争力。

也许你会想：“就算我再怎么特别，也没办法战胜人家很牛的学历吧？”那么请听我讲一个故事。

几年前，三星电子人事部部长在我们学校做过一次演讲。他最后给我们讲了一个求职者的故事。当时他是公司的科长，碰巧作为面试官参加了那场面试。

经过层层选拔之后，最终有五名应聘者留了下来。他们刚要开始最后一轮面试的时候，突然有一个人闯了进来。科长问他是谁，对方说是来参加面试的。经过确认才知道，是程序出了点儿问题，这个人本来不合格，但是工作人员不小心给他发出了合格通知。既然是本方的错误，也不能随便叫人离开，最终还是让他先坐下来了。

但是当这个科长接过这个人的简历一看却吃了一惊，他在人事科干了八年，却从来没有听说过对方的学校，也是第一次看到简历写得像他那么干干净净的。更严重的是，其他求职者都是西装革履，而这个人却一副颓废打扮，一身松松垮垮的西装外套，给人的感觉就像是从他父亲那里借来的。当然，没有人对他提任何问题，他也只是呆呆地坐在那里。

终于到了求职者自我展示的时间，此时那个人手上拿着一个包袱。科长问他手上拿的是什么，他上前把东西放在了桌上，说这是他上学的时候做过的东西。打开一看，满满的草稿纸，统统都是画有手机设计图案的草稿纸。

看到这些，科长心里一颤，把这些拿给部长看，部长一言不发地点了点头。面试结束之后，部长说虽然原定计划是选一个人，这次算特例，要多选一个人，结果从最初的五个人中选了一个最优秀的，另外一个名额则留给了这个后来的“不合格者”。

讲完这个故事，他最后给我们留下了这样一段话：

“各位现在是不是有很多人都在用‘横屏’手机？这款手机的设计原稿就在当时的那堆草稿纸中。各位觉得这个故事能给大家带来什么启发？我是这么想的：各位在大学度过的四年时光里，有没有像他那样疯狂地专注于去做一件事情？”

当然，我不是说我们所有的人都要和他一样。一开始我就说过，我非常反对把特殊的个案一般化到所有人身上。那个人的确是因为一次“误会”获得了成功，当然并不是每个人都有这样的机会的。

我想说的是，我们每个人都要经历被选择，假如别人给了你一次机会的话，也就意味着你要面临各种评价，而你如果有独一无二的地方，就一定能够在瞬间成为明星，发出耀眼的光芒。好的机会对一个人的一生弥足珍贵，如果你不想白白浪费掉这样最珍贵又最稀缺的资源的话，就要时时刻刻准备你能拿得出手的独一无二之处。

不过要注意，独一无二并不等于突出。不一定非要你做得比别人好，而是独特在它是只有你才能发挥出的价值。这样，你才能得到无与伦比的价值和认可。所以说，你所专属的独一无二性并不是战胜名牌学校毕业生和高学历求职者的武器，而是可以与他们划清界限的手段。

对我们来说，独一无二并不是一种选择，而是必须具备的东西。我们身上根本就没有值得展示的东西。就算你苦苦努力具备了不错的竞争力，也只是处在和其他人一样的水平，这只能带来越来越激烈的平均竞争力上升的现象。而且这些人当中，有着我们身上所不具有的学历的人也不占少数。

所以说，不要一根筋地纠结于高学历。因较差的学历在竞争中随时有可能被淘汰的人们需要具备的武器不是在多方面拥有竞争力，而是具有独一无二性。

能够发现自己喜欢做的事情

是打造独一无二的自己的第一步

只要喜欢，你就能变得独一无二

你又会问我这样的问题了：“那么怎样才能获得这种独一无二性和差别性呢？”

有一句话我非常喜欢，答案也在其中：

无论是谁，你能做得最好的事情就是你最喜欢做的事情。

道理很简单。你只要知道自己喜欢的事情是什么就行了。在这里，“喜欢的事情”并不意味着职业，我们暂时先不要去想职业。在想这个之前，要先想想你在做什么事情的时候是最开心的。

在参加演讲、公益广告展，或是和后辈们交流的时候，我体会最大的一点就是二十多岁的年轻人往往不太注意对自己喜欢的事情做进一步的思考或者探讨。我只需问你喜欢什么样的工作这一个问题，就可以说明这一点了。对这个问题最不经大脑的回答就是“去公司”，还有就是想去三星工作啊，想进“现代”啊，等等，他们说的其实不是自己真正喜欢的事情，而是对好企业的向往。

稍微有点儿想法的人会说出某个“领域”，比如想在证券界工作，想在银行圈上班，想做市场营销等等。对自己的专业和相应的领域有一点儿知识的人大概会这样回答。

除此之外，还有少部分人会说出在相应领域中所担当的“角色”。比如说想在营销部做商品策划，想在影视策划中做舞台设计，想在广告公司当一个广告设计等具体的想法。这些人通常是对相应的领域有一定知识和经验的人。

我认为，这些人的目标是比较明确的。不过在我看来，尽管目标是明确的，但他们不具有成为独一无二的人必须具备的东西，即他们对自己喜欢的事情没有明确的认识。所以我会再问他们一个问题：

“为什么想做商品策划（舞台设计、广告设计等）？”

他们对这个问题的回答背后隐藏着他们真正喜欢做的事情是什么的信息。就算都是喜欢策划的人，理由也不尽相同。有些人喜欢带领其他人一起创作出杰出的作品，有些人则喜欢独立创新。尽管身处相同的领域，担任相同的角色，每个人在其中感受到的魅力却是不尽相同的，一旦认识到了这其中的差异，那你才算得上是找到了自己真正喜欢的事情。

思考并找到自己真正喜欢的事情是什么，想一想为了精于这个方面自己需要做什么样的努力，这就是找到独一无二性的第一步。只要弄清楚了这些，你就会想方设法、找各种途径去做一些有助于发展这些领域专长的事情，这种努力同时也会给你带来与众不同的经历。

比方说准备参加公益广告展。如果是一个喜欢创新的人，就会在公益广告展中担当出主意的角色。

如果是喜欢和其他人共同做出优秀作品的人，就可以当一个领袖，好好组织一个团队。

如此一来，单单是了解自己喜欢的事情，就能让你明白在你体验过的无数事情中什么是你喜欢的事情。日复一日，就会发现这些打造出了与众不同、独一无二的你。去国外做过志愿者、在公益广告展获过奖，这些都是无关紧要的，重要的是因为你喜欢做出新东西才去参加志愿活动，出主意给孩子们带来了某种福利，而在公益广告展上你因见解独到获得了奖项，这些都可以是专属于你的故事。

这些对你今后选择自己喜欢的职业会有很大的帮助。因为从一开始你所考虑的就不是某个公司、领域或角色，而是以你喜欢的事情为中心可以担任的各种角色。假如你喜欢和别人打交道、组织活动等，那么就不要一味地把自己定死在企业市场营销工作上，你也可以在广告公司、影视策划公司、杂志社等多种领域考虑相关岗位；假如你喜欢创造性的活动，那么你还可以考虑一下产品研发等领域。这期间虽然领域和岗位换了，但这些不过都是角色转变的问题，核心还是你喜欢并有着自身体验和擅长的东西。

单单是准确地认识你自己喜欢的事情，就可以接触到多种经历来锻炼和积累你的能力，日后你也能够用更广阔的视角对想做的事情进行思考。打造独一无二的第一步，就是明确你自己喜欢做的事情！

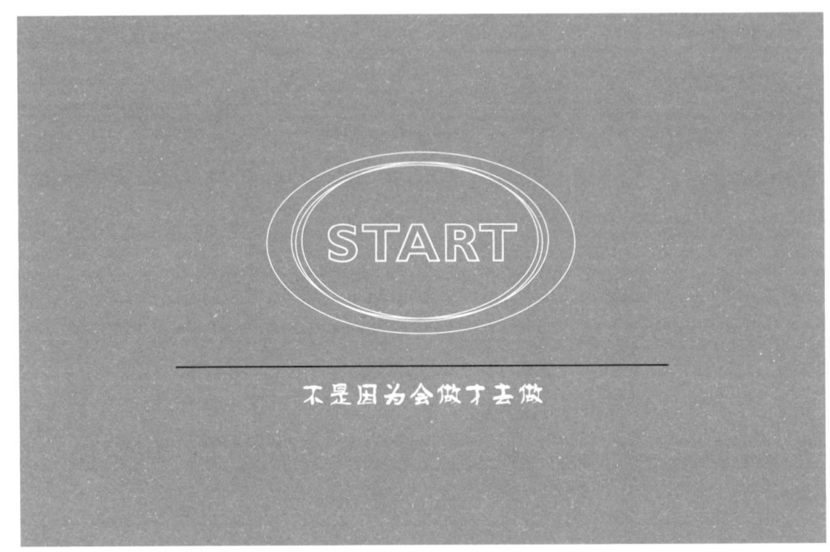
START
不是因为会做才去做

START
而是因为想知道怎么做才去做

没有谁一开始就是自信的，试过了才会有勇气

知道了自己喜欢的事情是什么，就等于向成功迈出了第一步。不过只凭这些还是不能完全消除你的那些烦恼。因为喜欢和能不能出色完成又是两码事。

“我喜欢具有创造性的事情。不过我真的具有创造性吗？这个领域应该有很多特别的人物，我能胜过他们吗？”

有这种想法也是很自然的，我曾经也这样。为什么？因为我们之前根本没有接触过这个领域。

我刚开始参加公益广告展的时候就有过这种状况。对公益广告展一无所知，对广告一无所知，我真的能够出色地完成任务吗？但是如果当时我用各种“不可能的理由”放弃了挑战，就不会有今天的我了，至于这件事情到底适不适合我，结果到死都不会知道。

有很多很多的人只是主观地想象自己喜欢做这个、喜欢做那个，但是并没采取任何有实际意义的行动。他们口中的理由十有八九是“不知道该怎么做”。以前我在一所大学听过一次有关公益广告展的专题讲座，当时听到的一个问题至今仍令我难忘。

“我是管理学系的，对市场营销有着浓厚的兴趣，所以学习也非常认真。接下来我想通过公益广告展检验一下自己的实力，但不知道该怎么做。请问应该从什么地方开始准备呢？”

“每个人期望的领域各不相同，不过的确有不少人都纠结于这同一个问题。消除这种纠结的最好方法就是先开始了再说。”我对那个学生说道。

“先开始了再说。你不知道该怎么做再正常不过了，因为你之前没有做过。正如你所说，在市场营销方面做了很多功课，理论的知识也积累了不少，不过你们能做的顶多也就这些了。想要学骑自行车的话，单单知道怎么去抓手把，怎么踩脚蹬子是没用的，最实际的就是亲自坐上去练一练，而不是单纯地看说明书，你说不是吗？

“当然，一开始会不断地跌倒。最初会觉得很辛苦，还会因此受到打击。不过会骑自行车的人都要经历这些过程。我们之中没有人是一次都不摔倒就学会骑车的，也没有不通过尝试就会骑车的人。先迈出第一步看看。不是因为会做才去做，而是为了知道该怎么做才去做。”

理由可能各种各样的都有，不过我坚信，只知而不行只会让你越来越烦恼，并不能给你带来自信。思考和经验不是一码事。思考只能拓宽你的大脑，而经验会让你在这个世界中更自信地行走，只有自己真正走过了一遭，才能真正了解这个世界。

如果你已经在脑海中勾勒好自己想要做的事情了，那你现在该踏出第一步了。走出去亲身体验自己想象中的世界，从而获取更有力量的信心。

请记住，所有找到了自己所爱的人都有过不堪回首的开端。与其只在脑海中打转转做一个知而不行的人，不如去践行出一个哪怕是不堪回首的自己，因为这会给你的人生带来更多的可能性。烦恼暂时放一边，你要一步一步勇敢地走出去。

每个人都有选择做自己喜欢的事情的权利

不过想知道你选择的事情是不是你喜欢的，
需要迈出第一步

你根本没有讨厌某件事的资格

原本以为是自己喜欢的事情，满怀着期望着手去做以后，却发现事与愿违，这是常有的事。对曾经喜欢做的事，每个人都能始终如一地坚持这种信念。不过很可惜，现实中人们往往是“靡不有初，鲜克有终”。我周围也有很多人抱怨道：“经历过才知道，这不是适合我走的路”。

的确不假，不可能所有的事情都按照个人的意愿得以实现。不过我不大喜欢其中的一个词：“经历过。”我希望各位对这个词再仔细地思考一下。

我们真的做了足够的努力，弄明白了这是不是自己喜欢的事情吗？

在一次有关大学生生活的演讲中，在场的一个学生问过这样一个问题：

“我本以为我非常适合做建筑，所以才进了建筑系，不过上了一年学之后我就有了转系的想法。我想转系之后学市场营销，既然您是广告传播学出身，那么能否请您说一说这个领域的整体形势呢？”

我对那个学生反问了一句话：

“不好意思，我想先了解一下你本人在建筑学系付出过多少努力？如果想知道市场营销方面的东西，我可以私下用电子邮件发给你。我很理解你说的话。我曾经也学过建筑学，后来才重新考进了别的专业。不过，我想知道的是，你本人在建筑学系待的一年的时间里，有没有对学习付出过百分之百的努力？”

“我刚入校没多久就对建筑学失去了兴趣。好像和我理想中的都不一样，感觉不太适合我。后来就越来越不想去听课，心也就没放在学习上了。”他这样回答。

我是这么说的，虽然我的回答可能不是他想要的答案：

“说不感兴趣，所以没付出全力，这只不过是一种借口。你必须在相关的领域付出不亚于任何人的努力之后，才能知道自己到底适不适合那个领域，如果没有经过真正的努力获得一定的体验，那你就没有资格去评价这个领域。要评价自己合不合适，你至少要做过周围所有人都认可的尝试和努力。”

我在前文中提到过，想要对自己真正喜欢的事情产生自信，需要有足够的“经历”。同理，想要讨厌你原先喜欢的事情，也需要一种“资格”。所谓的资格正是你在相应的领域中全身心的付出和投入。

之所以这么说，是因为尽管有些事情是你因为喜欢才擅长的，但是还有不少事情是因为你擅长所以才喜欢的。真正意义上的不合适，其实是明明你很擅长了却不喜欢了。所以说，要想否定你之前喜欢的东西，就要把自己在相应方面的积累提升到一个很高的高度。只有这样你才有资格说讨厌。

假如说某个著名的棒球选手突然宣布自己不再打棒球了，原因是他一辈子被棒球折磨得很难受。很多人听到他的话可能会觉得棒球真心不适合他，随即为他的崭新人生送上祝福。相反，如果是一个只挥过两三次棒球棒的人说出这样的话会怎么样呢？人们的第一反应应该是“你懂什么了啊，就随便说喜欢不喜欢”“你到底有没有认真打过”“明明没尽心尽力却口出狂言”等等吧？

之所以同样的一句话会让人有两种截然不同的反应，是因为两者为这个领域所付出的努力不一样。

我高中毕业之后考进的学校并不是启明大学，专业也不是广告传播。我最开始选择的是金乌工科大学建筑系。不过我连一个学期都没有上完就以不合适为由退了学，重新考进了启明大学的广告传播系。随后我开始全面准备公益广告展，五年来我凡是碰到人，就会说建筑学不适合我。

先从结论开始说起，我觉得当时放弃金乌工科大学是我这一生中最明智的选择，不过同时也是最让我后悔的决定。我多亏退学才碰巧学了广告，而之后的整个人生都发生了改变，可以算作是一件好事，不过其实我也不是一开始就喜欢做广告的。我是通过自己的努力做出了一些令人激动的成就、擅长做广告之后才喜欢上广告的，同样，如果当时在金乌工科大学我付出了全力，没准儿我也会喜欢上建筑学。如果是那样，我的人生就和现在完全是两幅景象了，而这个机会却被我白白地浪费掉了，所以我说那也是让我遗憾的决定。

如果你正在寻找自己喜欢的事情，渴望积累相关的经历，那么请铭记这一点。

“做过了，但发现不适合自己”这句话应该是在真正做过之后才说出来的。你只有在眼下所在的领域成为前百分之十，才有资格说你讨厌这个行当，这个行当不适合你。除了几个特殊的领域之外，前百分之十应该是足够衡量的。

喜欢某件事情不需要什么资格，不过我们往往认为讨厌一些事情也不需要什么资格，所以我们往往不做任何努力，反反复复地喜欢和讨厌不同的东西。我想问你一句，你说你讨厌做某件事，那么你又对这件事了解多少呢？不管是什么，喜欢和讨厌都是个人的自由。但讨厌一件事情、放弃一件事的前提是你要对自己的选择负责。

我给你提一个建议，就是去寻找自己喜欢的事情。你只消在这件事上不断地积累知识和经历，努力挤进前10%，你就可以确定你是否真心喜欢一件事情，同时这也让你有了讨厌一件事、决定放弃之的资格，这样的人生才是成熟的人生，才不会因为反反复复而蹉跎。

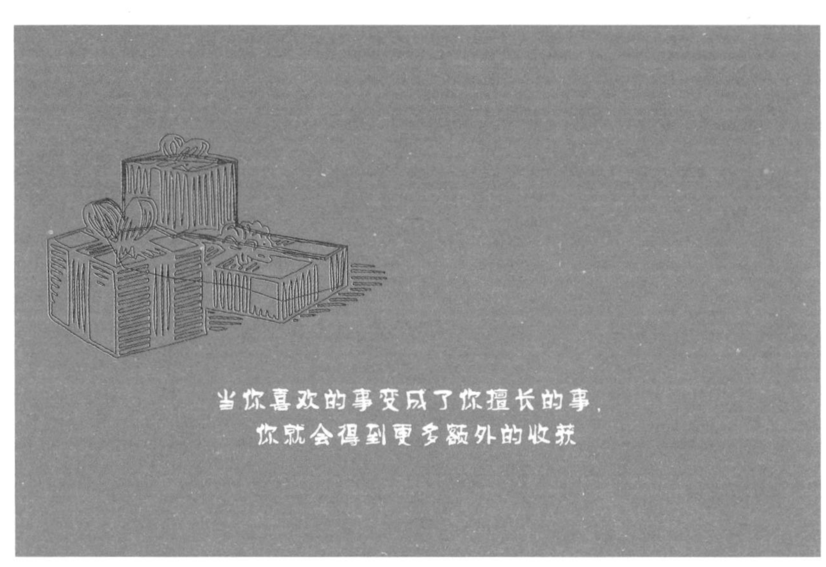
当你喜欢的事变成了你擅长的事，
你就会得到更多额外的收获

这个时候你慢慢就会变得独一无二

当你开始擅长喜欢的事时，就开始变得独一无二了

在正式进入现在的这家广告公司之前，我还是一个小实习生。当时负责面试的领导看到我的简历时说，你的简历是我至今见过的最华丽的简历。还有一次，有一个报社采访我，看到我的简历时，问我：

“我从来没见过像诸葛铉烈先生您这么充实而忙碌的人。您这么忙，是不是连谈恋爱的工夫都没有啊？”

在本书一开始时我就说过，我对自己的履历是非常自信的。不过我从来都没想过，为了增强我的竞争力会刻意去打造那些经历。我在进入公司之前，可是连一张绝大多数人都有的英语证书都没有。

我的履历所写的那些擅长项目都是因为一开始喜欢某件事而后慢慢变得擅长的，或者有的是拓展的与之相关的领域。而且这些拓

展的特长丰富了我的经历，这些经历又让我变得与一般人相比独一无二。

爱好拓展？经历？独一无二？

没错。我不是从一开始就下定目标要去争取什么40次公益广告展次次获奖的，也不是因为想提升自己的竞争力特意去参加无偿公益活动的。这些履历都是我在争取把自己喜欢的事情做得更好的过程中的额外收获。

从第一次开始做广告，第一次参加公益广告展，到第一次荣获奖项开始，我就喜欢上了现在的工作。我越是喜欢广告，就越想把它做得更好。我在这一努力的过程中，突然觉得写策划书、制作策划方案成了我的一段段小阅历，于是我就想把这些写成故事，然而要讲好故事就需要有写作功底，所以我才辅修了文艺创作学。

我在学习写作的过程中发现，不管是多么好的文章、多么好的广告都不能仅仅靠技巧来实现，更重要的是要让他人理解和接受你想要传达的信息。为了更好地让别人理解和接受，我开始辅修心理学，就这样我拥有了一般学生少有的三学位。

在这个过程中，我渐渐对能给他人带来幸福的公益事业产生了兴趣。这所有的一切就成就了今天的我，一个有过独自制作和分发公益广告经历的诸葛铉烈。

随后我开始对公益事业产生了兴趣，后来我追随公益组织的足迹开始从国内走出来，走到了柬埔寨、越南，还有非洲，只要有机会我就会到处参与公益志愿活动，我也就从中学到了不少东西。

想要做出易于被人接受、极具亲和力的广告，就要有大量的知识背景，于是我参加了20多次校外辩论学会学习广告，结果意外地收获了不少结业证书。我认为机会的开始在于逻辑，于是参加了辩论学会，还参加了辩论大赛，和所谓的“sky”[①]正面相对，拿下了第一名。人们都说想要让职场生活更加如鱼得水，就要有驾驭他人的能力，我在学会和协会中担任会长，正是那时期的经历，让我学到了很多处理人际关系的方法和道理。

我还觉得好广告应该源于多种丰富的经历，于是我一有机会就会出国访问，在非洲一待就是一年。我喜欢公益广告，但只是让大家一起分享我制作的东西还没能满足我，于是我还做了几次无偿演讲，还组织过小规模的公益广告展聚会，把我储备的知识分享给了后辈们。

就这样，我的履历变得越来越丰富，最终还得到了总统亲自颁发的“韩国人才奖”。受到总统表彰之后，我接受了报社的几次采访，每当他们问我为得到总统的表彰做出了哪些努力时，我自始至终的回答都是：

“当你喜欢又擅长做一件事情的时候，你就会不自觉地付出莫大的努力，在这个过程中你自然而然就积攒了丰富的经验，周围的人们也会慢慢对你刮目相看。擅长喜欢做的事，或喜欢上擅长做的

---

① sky：意为顶级、骄子学生。

事情，二者接缝的刹那就像是有了加速度一样。而改变就从有了加速度的瞬间开始。”

当你对喜欢的事情有了自信以后，你就会更期待把它做好，这种欲望可以给你带来足够的勇气去挑战之前不敢尝试的领域。我把这看成是做喜欢又擅长的事情时意外收获的“礼物”。

每个人喜欢的事情和领域都不一样，所以当你做自己擅长又喜欢的事情时收获到的礼物也不尽相同。像我们学广告的，我是因为参加了公益广告展而喜欢上了广告，然后又拓展其他领域知识的，也有人因为喜欢广告的商业魅力而去钻研管理学和经济学的，还有其他人则可能会对文字表达产生兴趣，而进一步在相应领域中深造。

所以，就算大家做的是同样的事情，每个人从中体会到的魅力也是不同的，所以每个人未来向什么方向拓展也会有所不同。而这些不同的拓展领域最终形成了你别具一格的阅历，最终让你变成独一无二的你自己。“拓展而来的收获”的可贵之处就在于此，它可以帮助你避免因为和其他人一模一样毫无竞争力而被埋没，也让你不再着急去盲目地追赶别人的脚步，而是让你散发出无限热情，并最终成就一个无与伦比的你。

通过这种方式成就的独一无二的你就是你自我展示的最好方式，你不需要任何虚假的包装，你不需要苦苦哀求别人收留你，你只需要等待对方主动上门来聘请你。

在实习期结束的转正面试上，公司总裁对我说过这样一句话：

“诸葛铉烈先生天生就是为广告而生的。”

第一名只有一个，但是要成为独一无二的人可以在不断思考和努力的过程中自我造就。只要你付出了努力，做了正确的事，再正确地做事，你就可以成就你自己。

人们经常把努力挂在嘴边，
不过真正能践行的却并不多

是实践把一个平凡的人打磨成了一个不平凡的人

谁都知道要努力，但是真正努力的人少之又少

1. 发现自己真正喜欢做的事。

2. 了解这件事情都涉及哪些领域。

3. 在那个领域中进行尝试。

4. 围绕擅长的领域进行拓展，打造自己独一无二的阅历。

5. 凭借独一无二的阅历成为独一无二的你，克服学历的壁垒，从而实现自己的梦想。

是不是觉得这几条记下来很简单？其实一点儿复杂的东西都没有，甚至可以说，整个过程只要有一种燃料就可以实现了。

这种燃料正是“努力”。

只要实现了以上几条，并有努力保驾护航，每个人都可以找到独一无二的自己。努力，的确是每个人都经常挂在嘴边的一个词。

然而真正去实践它的人却少之又少。如果你没有达成，那关键的问题就是你缺乏足够的努力。

接下来说一说我开始从事广告行业的契机。

正如前文中所说，我并不是一开始就喜欢上广告的。虽然我也一心想要做出一些成就来，但我从来没想过自己会做广告。我之所以会全身心地投入到广告领域，是缘于一次课堂上发生的事。

我们专业课里有一门课叫作广告策划论，这门课的期末考试内容就是写一篇广告策划书。我还是第一次写这种东西。我马马虎虎写了写，调整了下策划书的格式，在截止日期当天交了上去，教授看到后对学生们说道：

“大家说说，这个策划书能拿多少分？”

下面有个女生突然举手，贴着一副冷冰冰的表情说道：

“零分，这个策划书只能给零分。”

她于是开始一条条说明为什么给我打零分，教授听完，总结说：“零分可能有点儿过了，不过这个女生说的一点儿都没错。”

当时我的脑海中只有屈辱这两个字。不是因为我的策划书得了零分，而是因为我当时对那个女孩说出的一条条道理竟完全无法反驳，我真真切切地感受到了自己的无能。再怎么我也是专业学广告的，而我却对广告一无所知。

当天我就下定了一个决心。

“不管需要付出多大的努力，我都不能输给那个女生。”

下定决心之后我便开始想，怎样才能做好广告呢？

当时没有人告诉我应该怎样去学广告，通过什么过程才能精通这门学科。所以一方面对我而言是一种不幸，另一方面也可能是幸运，仔细想想，正因为我什么都不知道，所以才可以按照自己的方式去探索、去碰壁。

幸好我从小就喜欢读书，通过看书也得到了不少经验。所以我就到学校图书馆随便挑了一些广告营销类的书看了起来，那是2006年5月21日，之后的每一天，除了上课时间之外，我都是泡在图书馆里看书。

我比较不耐热。每天坐在那里看书，不知不觉间屁股下面就全是汗，还长出了痱子。我没有管它，没想到痱子被压迫之后流出了脓水，皮肤也开始脱落，皮肤脱落的地方又长出了新的痱子，就这样反复了三四次，最后我发现我屁股上的肉都变黑了。虽然已经过了六年，但我屁股上的那块瘀斑仿佛像一个印章似的留在了那里。

我花了正好六个月的时间，把图书馆里有关广告营销的书都读了个遍。我最开始的动机可能有点儿奇怪，不过现在想想，当时付出的的确是努力。当时的努力是成就今日之我的决定性因素。

后来我有没有赢了那个女生呢？当时她的平均成绩已经是A^{+}了。其实我一开始就选了一个根本无法战胜的对手。

不过成败这种东西并不重要。当时经过努力我开始参加公益广告展，而在这个过程中我也发生了本质上的改变。

这些努力让我喜欢上了广告，从而也让我拥有了所有人都羡慕的阅历。一切的开端都在于努力。现在也有很多人问我，你是怎么学好广告的。虽然和业界的高人前辈比起来，我还有很长的一段路要走，不过至少“从开始到喜欢”这一过程大家都只有一个诀窍，那就是努力。

人们经常会说，要努力，而且还有不少人说，自己也在努力。

不过要记住，努力是一个相对概念。你能做多少，别人也能做多少。所以要加上“更加”才可以称得上是努力。你就算没有那个发明横屏设计的求职者那样花费数年心血，也要像我一样，至少能够连续六个月让自己处于“疯狂”状态。你要问问自己：我有过这种经历吗?

既然你不是天才，那想要得到别人没有的东西，你就要付出比别人更多的努力。与那些在一件事情上花费数年的人相比，我还有很多不足，但希望各位至少能像我一样努力过。六个月，你至少要一天七个小时不间断地去挖一个洞——这是最起码的要求。

要想成为独一无二的人，这一生，哪怕只一次，你也要做一些别人称之为疯狂的努力。这个过程是没有什么可以代替的。就算你读几十本自我开发类的书，倘若不付诸实践，也都没有半点儿用处。

所以这点很重要。因为这只能凭借你个人的毅力去完成，并且结果也是与你的付出成正比的。要成为独一无二的人，就不要期待任何人可以帮你，你只能凭你自己的努力走向目的地。

哪怕是最不想动的时候，也愿意做最喜欢的事情

这就是传说中的上瘾

学习“游戏废人”，对喜欢的事情上瘾

热情是让你坚持下去的动力。努力的过程需要不断有能量加入，如果说努力是燃料，那热情就是点燃努力这一燃料的火焰。

很多人说我非常有热情。不过我眼中的热情……可能和他们说的不太一样。

有人在采访一位女演员的时候问：“什么是真正的演员？”她是这么回答的：

“真正的演员要具有专业精神。所谓专业精神，就是你在最不想动的时候也能坚持去做这件事。不过，单纯依靠热情是很难达到这种境界的。”

听到这些，我想起了我当年准备公益广告展的时候。我在最初的几次公益广告展上获奖之后，内心的欲望就越来越强。那时

候我不知不觉间已经获得十多次奖项了，明明可以就此打住了，但我却始终无法阻止自己前行的脚步。当时与其说我是出于热情，不如说是某种欲望在我内心中涌动，促使我全身心地投入到公益广告展中。

当时我一周的日程表是这样的：因为在修两个专业，其中有21个学分都是广告和文艺创作的专业课。我还是辩论会的会长，也刚刚发起并成立了公益广告展协会，下了课之后会和后辈们一起补习一些有关广告的额外功课。

一天的第一节课经常有课，所以我一般九点钟来到学校，在学校做完所有的事后，就晚上十点多了。十点之后就会去网吧准备公益广告展，快的话忙到半夜三点，慢的话忙到凌晨五点。当时我参加了六个公益广告展。通常来说一个公益广告展需要一个月左右的时间来准备，我却紧追慢赶地在四十天内准备了六场公益广告展。

这样一来我最大的问题就是睡眠不足了。为了驱赶瞌睡虫，我成天把咖啡放在手跟前。后来身体对咖啡因也有了免疫，一两杯根本不管用。于是常常连着喝好几杯，最后都喝饱了。

最后想出来的办法就是买一袋速溶咖啡，直接吞下去。就这样，我一天晚上要吃下三四十袋咖啡才有精力准备公益广告展。虽然忙得这么不可开交，但也要注意自己的健康，所以那段时间我常常靠调整白糖的摄入量维持体力。

在那段没日没夜的日子里，有一天我刚要弄完一篇策划案，突然一阵恶心涌了上来。我赶紧跑到网吧洗手间，对着那脏兮兮的马桶吐了起来，不过从早上开始我就没怎么吃东西，所以吐出来的只有咖啡脓水形状的东西。

吐了好一会儿，我站起来看了看镜子中的自己，发现自己好几天都没有好好洗把脸了，胡须长得密密麻麻的，头发也乱得不得了。因为刚刚吐过，我的眼睛里面布满了血丝，嘴角和鼻孔下面全都是咖啡液。洗脸的时候我心里在想：

“我到底是为了什么荣华富贵，变成了现在这副嘴脸？”

朋友们平时也对我说，简历上留给你的空间只够写三四个获奖经历，干吗要参加那么多的公益广告展呢？现在该差不多收收心准备就业所需要的东西了。

“没错，已经足够了，到底是什么原因促使我自虐呢？好，剩下的就收手吧。我也需要休息了。”

正当我从洗手间里出来，要对一同熬夜的伙伴们说剩下的公益广告展就不要做下去了的时候，电脑屏幕上的空白PPT画面映入了我的眼帘。上面什么都没有，还没开始弄，我看着电脑屏幕，拿出一根烟叼在嘴里。我连抽了好几根之后，才发现自己已经在做PPT了。就这样，参加的六场公益广告展结果是，一场被淘汰，五场获奖。

当时我的状态可以用“热情”来解释吗？

可能日后有人听到这些故事会说我充满了热情，不过当时我的状态应该不是热情。

当时的我更像是一个玩网络游戏成瘾、连续几天几夜打怪的人。我们不会对一个玩游戏成瘾的人说他对游戏有很大的热情，所以我当时的状态应该不是热情。

我觉得，用“上瘾”一词更贴切一些。

当时的我深深地陷入了公益广告展。如果说热情是可以让你重复体验冷淡和火热的东西，那么上瘾就是让你深陷其中、无法自拔的东西。

在你最不想动的时候也能坚持去做你最喜欢的事。

我不是很清楚当时那位女演员为什么会说这些话，不过我在想，自己对工作的上瘾是不是也正如她所说的。

我想说，与其凭着满腔热血去付出努力，不如对自己努力着的事情，对自己觉得有价值的事情，对能够让自己变得独特的事情上瘾。

我们在一生当中会有很多次上瘾的经历吧？可能深陷过爱情，可能被人说成是“魔兽瘾君子”“游戏废人”等等，如果不做这些事情我们就会觉得非常难受，不管周围的人怎么劝阻我们都无法自拔。

接下来就把当时的上瘾用在打造独一无二的自己身上吧。付出足够的努力，哪怕被别人说成是疯子，也要对一件事上一次瘾，甚至那可能会有点儿危险。这样一来你就可以逐渐接近属于你自己的独一无二了。

人人都说要有梦想

不过没人说实现梦想，需要具备什么资格

做独一无二的人就是你通往梦想的不二捷径

到目前为止，我所说的都基于我们面对的现实，在矫正我们以往错误的认识和行为。同时还强调对于我们来说，成为独一无二的人是你必需的，所有的话题都是围绕独一无二性展开的。

那么，我为什么要如此强调独一无二性呢？

有一次演讲也有人这么问过我，其实我到现在也不是很清楚这是提问还是诉苦。那个学生的话概括起来是这样的：

“这个世界需要我们有梦想。我到现在为止听了很多场演讲。他们都是实现了自己梦想的人，所以才有资格站在演讲台上。他们都会说同一个主题：一定要有梦想，有梦想是一个人的权利和自由。他们说心怀梦想是不需要任何成本的。不过现实让我们根本没有闲暇去做梦，因为我们连基本的生存都是个问题。在这样的状况下，我们还怀有自己的梦想是正确的吗？说不定我们所谓的梦想就是一边憧憬彼得潘[①]一样的生活，一边老去。”

如果你让我列举出我最难回答的五个问题，那么这个学生的就是一个。换成是别人也许他们能很轻松地回答这个问题，但对我来说的确很困难。

当时我请听众给我几分钟时间思考。经过慎重思考后，我做出了这样的回答：

“一个人要有梦想，这句话的确没错。不过你可能没表达对。你说所有人都主张要有梦想，是吧？而且他们说拥有梦想是人的权利和自由，他们可能是说过要有梦想，但是他们应该没有提到过实现梦想所需要的条件和资格，没有人说过实现梦想会让你经历多大的痛苦对吧？

“我现在回答你。实现梦想需要具备两个条件，一个是前提，一个是资格。所谓前提就是学历、金钱等等人们经常说的表面上的‘竞争力’；而资格是能力、努力和热情等你内在的东西。很可惜，这几个条件都是你在短时间内很难获得的，不过资格却可以随时随地学习到。得到这种资格的过程可能会很痛苦，可能会和炼狱一样。不过就算要经历这些努力和痛苦，也要保持拥有梦想。因为人生的最终目的是得到幸福，而有梦想的人得到幸福的概率要远远大于没有梦想的人。要铭记一点，梦想是每个人都可以拥有的，但

---

① 彼得潘：一个会飞的拒绝长大的顽皮男孩。苏格兰小说中的虚构人物。

不是每个人都可以随随便便就能实现梦想。”

其实我也不知道我当时的回答是不是正确。

也可能我过于悲观了，有人可能不愿意听到这些话。但我真心觉得当时我的回答是对的。

全世界的人都在对你说要有梦想，不过几乎不会有人对你说实现梦想需要什么条件和资格。因为人们很不愿意把梦想这个正面的、积极的词和残酷的现实联系到一起，让你对实现梦想感到迷茫和畏惧。

所以很多人选择不提这些，这样一来世界就会被童话一般的一团盲目乐观包装起来：它被包装成信念，被包装成各种激励。于是我们的世界充满了治愈和安慰。书店中的畅销书榜单中，已经很久没有见到文学类书籍，取而代之的却是自我开发类和治愈安慰性的书系。很多人希望通过这些书获得安慰和力量。

不过应该到此为止了。

世界上的大部分信息和名人们的大部分演讲，都不会告诉你，其实有梦想的人中，真正能实现梦想的人只占一小部分。那些打着梦想的旗号、教导他人的名人们也很少提到有些梦想其实是无法实现的。因为想要让自己的话更有说服力，就要说到实现梦想必须具备的条件和资格，而这样一来，梦想一词就不再具有正能量，就成了残忍的代名词。就这样，每个人都会主张要有梦想，但鼓吹的人中没人会为他对你说的这句话负责。

也许“要有梦想”“要有希望”等毫不负责的话就是当今时代造就的最为合法的毒品。

绕了一大圈子，该回答我在一开始提出的问题了。我之所以会如此强调一个人要做独一无二的自己，是因为只有独一无二才是你实现梦想的钥匙。

我在前文中已经提到过，实现梦想需要具备条件和资格，不过条件和资格并不具有同等的地位。我们把它们看成数学中的必要条件和充分条件就便于理解了。有时，我们只要有一定的条件就可以实现大部分梦想，相反，有时就算你具备了资格，也难以实现自己的梦想。资格仅仅是一种必要条件。

我们之中，很少有人有现成的、足够好的条件。我也不例外。家里没有那么多钱，自己也没有多么高的学历，更没有好人脉。我所能选择的方向只有两个，要么放弃梦想，要么坚持梦想。

只要你没有放弃梦想，就不要把你宝贵的时间浪费在抱怨你身上所不具备的那些条件上，而是要多努力去争取自己能够创造的条件、争取的机会。就算你获得的能力无法百分之百保证你可以实现梦想也无所谓，因为我的经验告诉我，只要你做出了必要的努力，只要你具备了这些资格，只要你找到了独一无二的自我，那么你就会发现，哪怕没有立刻实现梦想，眼下的自己和从前的自己也有了本质上的改变。这一点我还是可以百分之百保证的。

所以说，我们应该变得更加独一无二，从而得到实现梦想必需的资格。就算这资格没有百分之百地转化为成果，至少你可以打造比“拥有独一无二性之前的你”更加出色的你。

为了实现梦想，为了变成更出色的自己，我们要千方百计地去争取——做独一无二的自己。

你必须要做独一无二的你

要强迫自己成为独一无二的人

给必须做到独一无二的你

对于我们这些一无所有的人来说，独一无二可不是你选择不选择的问题，而是你必须要做到。不过，不管是你自身有必要变得独一无二，还是我劝说你，要你变得独一无二，这都让我感到非常心痛。因为话是说起来容易，但其过程和需要付出的努力真正做起来却没那么轻松。首先，需要着手去做的事情太多了，而一个个去完成要比想象中的麻烦得多。我又是非常了解这个过程是有多么困难的，所以才会觉得强求你们做这些事情，有点儿不忍心。

不过我要给你的不是安慰的话和正面的信息。无论是什么样的安慰，都不过是瞬间的高兴，不会直接改变现实，但这个世界却有着太多太多肯定或正面的东西了。

有些人说因为痛，所以才叫青春，

有些人说只要有信念就会实现梦想，

有些人说每天早上起来要给自己自我暗示就会改变世界，

有些人以为抱着总有一天一切都会变好的希望，世界就能变好，

有些人会给你制定需要遵守的几十条规则，再加上貌似马上就能梦想成真的小鼓励，

……

我们的周围有太多太多的安慰和鼓励，但是这些盲目的鼓励会让你严重脱离现实，我因为清楚这一点，所以才不愿意给你这样的安慰和肯定。

你不妨留意一下，你看过的那些自我开发类图书和励志类图书的作者中，那些字里行间能给你带来安慰的人有多少是出身名牌大学的，而那些口口声声说理解你的人中，又有多少人受过学历的苦……我可能无法完全理解你，不过我至少清楚自己在学历天国经历过哪些痛苦。

正因为我们是这样的人，所以我只能强求你找到属于你自己的东西。虽然我很清楚这个过程必将非常艰辛，但也必须告诉你们这是唯一的、也是必经的路。你可能不得不接受我的强求，在这里，我想对这样的你提一些忠告：

要时刻铭记于心，所有的事情责任都在你自己。

世界上没有人不对这个世界抱怨。每个人都有自己的缘由，也

能找到各种理由放弃继续前行。倘若你因此就停止了脚步，继续做一个一成不变的三流大学生，那么那些曾经让你停止脚步的诸多理由会对你的现状负责吗？无论是停下脚步、改变自己、前进还是退步，一切都是你自己的决定。如果你非常渴望创造自己的独一无二性，就不要因为那些无谓的理由轻易认输。

多从现实的角度出发思考解决问题的对策。

我们很多人对某件事情的期待往往大过对自己付出的努力的期待。每个人都想着能一次性解决复杂的现实问题，想着一件小事就能改变自己的人生。现实中，太多的人总是期待理想的结果，但当遇到问题时，他们就会像白雪公主一样只会翘首以盼有白马王子前来拯救自己，有人甚至会把关系自己命运的选择权交给上天。

问题是随时都会找上门的。你在大街上走着，也可能撞到墙，你一番努力之后等待来的也很可能是凄惨的结果。在所有问题面前，不要指望理想和好运，多从现实的角度出发，冷静地去寻找自己能够找到的最佳解决方法。

用心把优秀的榜样留在身边。

孟母为什么三迁？名牌大学的学生为什么比三流大学的学生更加努力?为什么当今社会“人生导师”这么火？因为人在成长和变化的过程中，周边的环境起到了相当大的作用。你很难独自一个人坚持走完这段艰辛的旅程。你肯定需要同伴。但无论是去寻找陪你走完这段路的人，还是在路上遇到领先你的榜样，都需要你努力，并拥有这种能力。缘分这种东西不是等出来的，而是争取来的。所以要在过程中把贵人留在身边。

最后我想说，那些曾经无视你的人，回应他们的最好办法就是用事实证明给他们看。

我在打造独一无二的我自己的过程中遇到了很多嘲笑和无视我的人。有时他们会直接嘲笑你，有时是冷嘲暗讽，有时他们否定的眼神让你觉得很不自在。说不定你也会遇到和我一样的状况。“还不好好准备托业？把眼下的任务做好，先找到工作再说吧！说什么合适不合适，先找到工作之后再去想这些吧！”等等，会有很多人以各种缘由拖你的后腿，让你心神不定。

不要一一回应。你再怎么解释，对方也只会认为你那是借口。这些人连自己真正喜欢的事情是什么都不知道，像被人操纵的傀儡一样成天过着重复的生活，还公然无视你的梦想，对待这类人，最好的方法就是拿结果去说话。你只要在心里下定决心，用日后做出的铁板铮铮的成绩答复他们就可以了，千万不要因他们否定的眼神而动摇。

我们要变得独一无二。我把这看成是自己的一项使命，也希望你能够把它当成你自己的人生使命。如果你无法承受学历低带来的种种劣势，将失败推卸到学历身上，你就会变得烦恼无助。我们要把独一无二当成武器，唤醒被烦恼压抑着的自我，成为他人无法复制、无法挑出毛病的存在。无论是从能力方面，还是从精神层面，都要有这种心态。

我的下一个话题是与精神有关的。不是所有独一无二的人都能够帮你扫平前方的道路，无论遇到什么样的坎坷，都要保持一颗平常心。只有这样，我们才能凭借我们的独一无二性享受充满意义的人生。

Chapter 4

如果不得不跪在地上，那我们就用双膝奔跑

即使你现在对自己的学历不再排斥，

即使你意识到自己不是因为是三流大学的人，而失败，而是因为过着三流大学生的生活而失败，

即使你已经成为独一无二的你，

你也只能等待机会的降临。

我们这个世界，

有时候要你屈下双膝，

有时候会在你的双肩上施加你无法承受的压力，使你无法站立。

不过如果你已经做好了准备，这段时间就不会太久。

所以不要畏惧挫折，

假如不得不跪在地上，那就用双膝奔跑。

我坚信，这种信念会使你拥有重新站起来的力量。

过程的价值是相同的，然而，

过程的价值要由结果来解释

这个世界只看结果，对你也不例外

有一次我帮后辈们准备公益广告展，有一天，策划进行得不算顺利，我们就说一起出去喝一杯，当时有人说了这么一句话：

“如果算上这次的话，我们已经失败六次了，这次无论如何一定要成功啊，真让人担心。但不管怎样，过程本身是有意义的，所以我们要加油啊。”

“如果这次也失败，那我们以后参加的所有公益广告展也都可能会失败，这样我们毕业的时候连一个拿得出手的成果都没有，这你怎么想？”

“或许会觉得可惜吧，不过毕竟我付出过全力了，而且在这个过程中我学到了很多东西，所以我应该会问心无愧吧。”

“……爱迪生曾经说过，失败是成功之母。爱迪生之所以会说这样的话，是因为他至少成功了一次。哪怕只成功一次，之前的失败就会顺理成章地变成成功路上付出的有价值的东西。但是假如爱迪生一百次都失败了，最终也没能获得成功，他还能说出那样的话吗？”

我终究不是一个结果论者，我也不认为结果能代表一切。

过程当然有其自身的价值，我也非常认同过程会教会我们很多东西。然而，所有的过程都是以结果为评价标准的。就算过程的意义铁证如山，但这个世界对过程的价值的评价是由结果而不是过程来控制的。

哪怕一次的成功也会把过去的所有失败转化成挑战，哪怕一次的成功也会把之前经历的全部痛苦转化成为得到香甜的果实而付出的辛酸忍耐。到现在为止，我们在电视上、书本上，或者名人演讲中，所听到的关于失败的故事之所以那么美丽动听，都是因为当事者最终获得了“成功”——这个结果。虽然成功前的九十九次尝试的过程与第一百次是相似的，付出的努力也是相似的，但第一百次的结果却能评价前面九十九次尝试的价值。

我们也不例外。我们在说以前经历过的失败和痛苦的时候，也会以这样的姿态对其价值进行衡量。如果得到了好的结果，那么经历的一切就是奔向成功的努力和尝试，是有意义的、值得的；但倘若没有得到好的结果，那么过程就变得不堪回首，成为失败的教训。你也因此心情不好。

你要是这么说，别人又会指责你：你因为失败了就不愿意回顾过去、进行反省，你这样是错误的。然而这句话有一个问题。说话人没有认识到，让你能够积极地反省过去的是最后取得了成功这一结果。作为感性动物，无论结果如何，我们都无法淡定地看待过程，因为我们看待过程的视角和心态是被结果所左右的。

有句话叫作“失败并不是崩溃，而是失去重新站立起来的勇气”。

不对，失败并不是失去重新站立起来的勇气，而是无论怎么努力，都没能取得理想的结果。

即使你付出了巨大的努力，即使你在努力的过程中学到了不少东西，也不足以改变你的人生，能够改变你人生的是通过这样的过程达成预期的结果。世间的人，甚或是我们自己，评价自己是否成功的依据从来都是结果。

我的这些认识可能有失偏颇，可能有很多人不赞同。不过，我对过往的看法的确是这样的。或许是因为我心胸狭隘，也或许是因为我不够成熟，但不管怎样，至少目前我是这样看的。仔细看看自己最真实的一面，或许我们都一样。

很多名人说过，要敢于回首往事、进行反省，才能学到东西。这话的确不假。然而，我们要想有足够的勇气去回首往事，就必须创造出想要的“结果”。那些成天主张最终不成功也无所谓，只要无愧于心就可以了的名人，还不是有着“成功”的结果作为资本才能说出这种话的？当成功的人对没有成功的人说无所谓的时候，你千万不要被这种安慰迷惑。我认为那其实是一种欺骗！

最后，我想以这样的心态来说一下有关结果的话题。成为独一无二的自己，并不等于所有的事情都可以迎刃而解。结果决定评价是事实，但评价不一定与回报成正比。

就算付出了全部心血，有些人或许也无法得到预期的结果，而我的最后一个话题正是为这些人准备的。

这个世界并不公平

但这不能成为你停下脚步的借口

没有高学历，你连门儿也进不去

大部分公益广告展策划书都是以匿名方式参赛的。这类比赛的初衷是不看姓名、不区分学校等所有信息，而只对策划书本身做判断。不过有时候，这一标准会与学历联系起来，尤其是在一些求职专场上开展的公益广告展，你经常会遇到需要在申请栏中填写学校的情况。我曾经参加过的一次大企业公益广告展就是这样。应聘时那家公司要看简历，他们会根据简历的情况给予加分等优惠政策。我这辈子都无法忘记自己当时通过了预选，去参加正选方案展示那一天。

那次我做了很充足的准备，对自己的作品也颇为满意。虽然我有很多获奖作品，但我还是执意把之前没获过奖的策划书放在里面，我在之后提交文件夹的时候也会附上这些策划书，因为我对自己的方案有足够的信心。

可是开始进行方案展示的时候，问题出现了。一共有三位评审。刚开始展示没多久，一位评审就走了出去：一位评审看都没看方案就把打分板晾在了一边；另一位评审则在做别的事情，表情木然。在提问环节，他们也基本没问我什么，所以我最终在正选中被淘汰了。

我在公益广告展上总共获了四十三次奖，这是唯一一次我亲自做了方案却被刷掉的公益广告展。

公布结果时，我专门看了第一名的策划书。或许我有点儿蔑视人家了，不过说实话，和他们的策划书相比，我的策划书不可能那么差劲。我在公益广告展上经验丰富，那些进入正选的团队，我只要看一看他们的方案，就能猜到团队的名字，而且基本上都八九不离十。那个团队的策划书在我看来，的确不够资格拿第一名。只不过，他们的学校是韩国广告专业比较强的一所高校。

这个故事其实很难说出口。因为当时没有人说我遭到淘汰是因为学历，而且方案评价本身就是主观的，其他人的视角不可能和我完全一样。但当时我在个人信息栏中填写我的大学后，评审连看都没看就走出去了，那个比赛的历届获奖者也都是出身名校，这一切都让我不禁产生了疑问。

如果你遇到这样的事情，你会怎么做呢？当时血气方刚的我又是怎么做的呢？我没有做任何反驳。不管是因为学历低，还是别的什么原因，没能给评审们留下深刻的印象，都是因为我自己能力不足。就算学历是评价标准之一，我没有事先了解这一点，结果选择了不利于自己的竞争策略，错的人终究是我自己。

当然，我没有气馁，也没有停下脚步。我没有对结果进行反驳，并不代表我接受了别人给我的所有现实，我之后挑战了更多的公益广告展。

如果我在经历了这样的事情后，因为受到打击就直接放弃参加之后的公益广告展，就不可能有今天的我了。我难道不委屈吗？连着几天几夜努力赶出来的成果终于迎来了见光之日，不料却被几个冷漠的人无情地践踏，我就不痛苦吗？然而，这样的绊脚石你总会遇到几个。被绊倒一两次根本不足为奇，因为我对自己要走的道路很明确，因而很清楚继续走下去的理由。

对于出身三流大学的学生来说，这种事情肯定是躲不开的。没有学历就是我们的现状。不要去期待自己能够避开类似的事，重要的是你应该在遇到这种事之后冷静地思考应该怎样坚持下去，并付诸实践。假如我说，这也是我们人生中必须要学的事，那么你是不是会认为我是个冷血的人呢？

不要忘了，这个世界并不公平，但这不能成为让你停下前行脚步的借口。

独一无二是一张彩票

买彩票不一定会中奖，
但中奖的人肯定是买了彩票的人

想中彩，必须先买彩

在韩国，广告公司对实习生的需求比其他行业多。因为行业的特殊性，他们经常需要新人到岗后就马上投入到一个项目中，所以一般的广告公司都不喜欢招没有经验的人，他们更倾向于招聘能够立刻上手的员工。此外，他们在招聘正式员工的时候也会先招实习生，经过一定的试用测评之后，再确定是否正式录用。

那一般的广告公司是通过什么样的方式选拔实习生的呢？最常见的方式是通过团队内部成员的推荐，收到被推荐人的简历之后，从中选一部分人作为实习生。当然，也会有面向大众进行招聘的情况，但这种情况只是少数。团队成员自然会推荐他们自己的后辈们，就算自己没有合适的人选，也会先联系母校，让他们推荐一些人。总的来说，招聘信息是以成员们的母校为中心发布的。

那么，广告公司的员工的学历大体是什么情况呢？正如之前提到过的，大型综合广告公司的策划员工都有较高的学历。

不知道是不是各大广告公司刻意为之，但从实际情况看，就连一般的实习机会他们也只留给有高学历的人。我在我们公司做实习生的时候，就招了我一个来自地方大学的实习生。

他们当时问选出来的实习生是通过什么途径了解到招聘信息的，所有的实习生都说是从学校的公告栏获知的。但我们公司招实习生的信息从来就没有传达到启明大学。

在社会上打拼了几年，我的感觉就是，学历这个东西不仅仅是一个评价人知识背景的标准，拥有一个好学历还意味着在当今的上层社会中你有很多成功的前辈成为你的人脉资源。我看到过不少在不同行业中混得不错的前辈，他们都是一代传一代地照顾着自己学校的后辈。

我说这些不是要评价这种现象的好坏，只不过想让更多的人知道，在现代社会中，这种现象的确不少见。当然，拥有高学历的人不一定就独占了所有的机会，但现实情况就是，单凭高学历你就可以得到其他人梦寐以求的机会。

无论你有多么努力，无论你有多么优秀，有时候你只能看着机会和你擦肩而过，空自叹息。这种辛酸我是能够理解的，也非常希望你不要碰到这样的事情，但我的期待仅仅是期待而已，对你没有任何帮助，所以一想到这种痛苦会降临到你身上，我的心情就变得沉重。

但有一点，我希望你能够记住：

这并不代表所有的机会都会与你擦肩而过。

你努力磨炼出来的独一无二的你肯定不会抛弃你。这种努力带来的补偿可能会来得稍微迟一点儿，但总有一天会来到你身边。因为我亲身经历过。

我在参加韩国广播广告公司主办的“希望工程”的培训的时候，接触到了我现在的公司。参加这个计划的人，都有被该公司推荐到相应地区的广告公司实习的机会。所以，按照预期，我应该能够得到大邱地区的广告公司提供的实习岗位。

但是因为我已经在韩国广播广告公司主办的公益广告展上获过三次奖，其中一次还是大奖，其间和大赛的负责人、一位科长也有了一些交情，他知道我想去首尔的广告公司，就把我的简历发给了首尔的HSAD，而不是大邱地区的广告公司。

简历通过之后，经过面试我成功地获得了实习机会，被分配到了事业部，部门常务认出了我。我后来才知道，他是我参加的由知识经济部和庆北大学共同主办的大学生商业演讲大赛的评审。我在那次大赛中获得了最高奖项，可能当时我的汇报给他留下了深刻的印象，所以他一直记得我。

常务把我介绍给了别的团队负责人，还推荐说我是一个很有实力的小伙子，因而那个负责人便让我一个人试着给当时部门常务自己负责的一个项目写一份策划书。

写完策划书做汇报的那一天，虽然只是公司内部汇报，却有策划部常务、局长、部长、组织与人力发展部部长，以及制作部ECD（执行创意总监）等多位高层负责人参加。幸好他们听完后评价说我“有出色策划人的潜质”。之后就有越来越多的人认可我这个小小的实习生，最终通过内部推荐，我得到了转正的机会，成了公司的正式员工。

有些人听完我的故事可能会这么说：这全凭巧合和运气。我并不否认自己的成功里面有幸运的成分。好运气让我得到了推荐机会，好运气让我在公益广告展中与一些人结下了因缘，正因为有了那么多贵人的帮助，我才能够进入现在的公司。

然而，得到韩国广播广告公司的推荐，得到常务的推荐，我的能力通过汇报得到广泛好评，这些都是我自己努力创造来的。那些认为我找到好工作是因为运气好的人，应该会理解所谓的好运和机会都是我凭借自身的独一无二之处创造来的。

我是这么想的。打造独一无二的自己和买一张能中奖的彩票是一回事。买彩票的人不一定都能中奖，但中奖的人肯定是买了彩票的人，而且这种彩票并不是一次性用完就报废的，每当你的前面有人生转机的时候，它都能派上用场，你的独一无二越耀眼，中奖的概率就越接近百分之百。

我想说的就是这些，或许会经历千辛万苦，但只要你坚持做独一无二的自己，坚持走自己的道路，机会就一定会来到你的身边。

不要在学习这一棵树上吊死，更不要去对别人羡慕嫉妒恨。

不要羡慕你未能得到的那些平平常常的东西，要坚信你自己拥有的独一无二之处。

我完成了大部分计划内的事情
STOP
Dream

不过，一次都不是按预期完成的
STOP
Dream

只要你不放弃，梦想会一直在原地等你

想一想，三十岁这个年龄实在很尴尬。说活得少吧，走过的路也不短；说活得多吧，要走的路还很长。在这样一个时间点回顾以往，我发现大部分自己所希望的事情都已经实现了。

我曾想多看看这个世界。柬埔寨、越南、新加坡、中国香港、日本，还有非洲，很多地方我已去过了。

其中对我吸引力最大的就是非洲。所以我在非洲生活了长达一年的时间，之后每年都会去非洲旅行。

我曾想得到别人的认可。我获得了四十多个奖项，在和首尔大学、高丽大学、延世大学等所谓的“sky”高才生们的对决中也胜出过。

我想在广告界闯出一番名堂。此时此刻，我在写这本书，办公室里的其他人都已经下班了，只剩下我自己，整个屋子里只能听到

我敲击键盘的声音。

我曾想得到总统授予的奖。2011年12月，我终于得到了总统颁发的“韩国人才奖”。

我曾想学各种各样的东西。我没有满足于广告传播学专业，同时辅修了文艺创作和心理学专业。

二十岁的时候，我写下了属于我自己的愿望清单，记录了我三十岁之前想要完成的三十件事情。最后一项是想在广告界工作，这一条是在刚刚进入三十岁的一月二号实现的，其他所有愿望都是在我步入三十岁之前完成的。

这么看来，正如周围的人对我的评价一样，我付出的努力的确不少，但运气也不赖。

不过我的整个奋斗过程并不像结果那么美丽。

二十岁时我就想去非洲看看，但是因为中间各种各样的事情，到二十七岁的时候愿望才得以实现；我想多见见世面，但因为没有国家公认的英语成绩，没有迈入戛纳广告界；我想去巴西的愿望也因为要参加公益广告展而泡汤；二十五岁之前，因家庭状况和个人原因，对于出国，我连想都不敢想。虽然我在公益广告展上获了四十多回奖，但痛苦的淘汰经历也不少；虽然实现了得到总统表彰的愿望，但当时我真正渴望见到的总统却已经不在这个世界上了；虽然我学了很多东西，但因为犯懒，只好把心理学当成辅修；我进入广告领域的愿望也是在三十岁之后才实现的。

仔细想想，我的人生可能是这样的。

虽然完成了所有计划，但一个都没有按照预期实现。

计划和预期总有着奇妙的延迟现象。

我想凭自己的经验对和我差不多的你说：我很希望你能够完成你计划中的所有事情，也希望你的所有事情都能够按照预期完成，但世间之事并不总是那么如意。

虽然我的愿望没有按照预期一个个实现，但我一直坚持了下来，没有放弃，让我坚持下来的原动力，就是我相信，只要不放弃，我就一定能够实现梦想，就算走一点儿弯路也无所谓。我之所以会那么坚定，是因为我认为自己的能力、实力够资格实现自己的梦想。我虽然不突出，却是独一无二的，只要我身上的独一无二还在，我就有资格坚守我的梦想。曾几何时，我因出身三流大学，连写一张职位申请书的资格都被剥夺了；曾几何时，我因出身三流大学，被人告知这辈子都可能无法实现自己的梦想，但我终究没有放弃。

我对大家也是这样期望的。不到最后一刻，不要放弃自己坚信的东西，要将其化为力量和永不放弃的信念。在诸多不如意的事情面前，要敢于坚守自己的理想，坚强地前行。

就用双膝奔跑

如果不得不跪在地上，那我们就用双膝奔跑

这个标题的含义是我和最好的朋友在聊天时感受到的。我们两个人边喝酒边聊天的时候，他突然对我说了这么一些话：

“有些事情，大家都明白、都懂，都能理解，但接受起来就有点儿困难。我知道自己没什么本事，没有高学历，这都怪我。我之后也付出努力了啊，但这个社会谁会有时间关注你一个人啊。都说因为痛，所以叫青春，但是按道理来讲，不至于这么痛吧。真不明白，我为什么一天天过得这么痛苦。有什么了不起的啊，不就是一次高考吗，可是你想要改变它，怎么就这么难呢？

“……最可怕的是，就这么放弃的话，该怎么办呢？”

这个朋友也曾为自己喜欢的事情付出过不少努力，也有着所有人都羡慕的履历。我想用我当时对他说的话，同时也是我渴望传达给所有像我和我朋友那样没有高学历的人的话，来为我的故事画上

句号。

就算你意识到了学历歧视的存在，就算你意识到了自己一直过着三流大学的人过的生活，就算你成为了独一无二的你，有些时候，幸福的结局也不会等着你。这个世界有时候就是要让你跪在地上，给你的肩膀施加让你无法承受的压力，让你连站都站不起来。

但有一点我们可以确信，这种状况不会持续很长时间，它早晚会消失，只是时间问题而已。只不过你拥有独一无二性和世界发现你的时间不一致而已，只不过你所期盼的幸福结局会比你想象中的来得稍晚一点而已。

如果你有“我不是三流大学的某某，而是独一无二的某某”的自信，如果你足够努力，就不要在原地干等着幸福来敲门，而是要奔跑过去迎接它。

如果你不得不跪在地上，如果你承受的压力无法使你站立，那就用双膝奔跑吧。不要害怕双膝会被磨破。只要你做好了所有的准备，幸福的结局就一定会在你磨平双膝之前找到你，并亲自将你扶起。

世界可能会无视你的独一无二，也可能根本不会承认你的努力。但只要你坚守，世界不可能永远无视你的存在。

最后再说两句狠话，听我讲述这些故事的人，不可能人人都能实现我所说的梦想。从这个角度来说，这本书也许和其他励志类图书没什么两样。

也许是我能力有限。我不可能改变所有的人，但是也没有人可以改变所有人。也许这本书和其他书一样，看完之后就被扔掉，成为过眼云烟，脑海中连一丝痕迹都不留。

我所有的故事想要传达的核心信息并不在这本书中，而是在各位的人生中。不管我们传授什么样的方法，指引什么样的道路，用什么样的狠话和鼓励去激发你的斗志，我们都无法代替你走完你自己的路。因为这并不是强迫能强迫出来的。走路的人是你，是你的意志。这种意志是其他人无法给予的，只能由你亲自去寻觅、去获取。这一点千万要铭记。之所以会有一些人读了那么多自我开发类的图书，却没能活出书中的人生，是因为他们虽然拥有读书的时间、看书的眼睛和分析书中信息的大脑，却没有和书中的指示共同行走的双腿。

林肯说过，我不在乎你经受着什么样的苦难，我只关心你是怎样克服这些苦难的。

其实我也一样。我不在乎你是否在经受低学历带来的痛苦，我只在乎你是怎么去克服那些痛苦的。世人日后在听到你的故事时，也会把重点放在结果上。书写你的人生要从眼下起步，这是你的角色，也是你的义务。

相信你自己，大步向前迈去。

为你献上第二篇故事

我有一个朋友。如果让我在认识的人当中选出最丑的五个，那他肯定名列其中；如果让我在认识的人中选出五个脑子最不好使的，他肯定也在名单里；如果再让我选出才华或能力最差的五个人，他肯定还不会落榜。到二十五岁为止，他都过得一塌糊涂，人生基本无望。而且他学历也不怎么样，家境也不是很富裕。

他知道自己条件不够好，但他是我所见过的人当中，最努力、最认真的人。可以说，那些自认为没有蹉跎堕落地生活的人见到他后，都会问："我生活得是不是太堕落了？"

有一句话调侃说"全世界只有韩国人会让犹太人觉得他们过着一种堕落的生活"，我的这个朋友也是如此，在我认识的所有人当中，只有他会让我觉得自己是一个堕落的人。

他终于要公开自己的人生经历了，他要把自己走过的那段愚昧旅程展现给大家，也要把他努力过的方法告诉大家。

我们先不管他的努力方式是否合理，我敢肯定，只要像他那样生活，无论多么残缺的人都会走向成功。我坚信，单单是学会他的方法论，成功的大门就会向你开启。如果你能够把他的方法论转化成自己的财富，再加上你的独一无二，那么你肯定会获得比他的成就大得多的成功。

也许有人听完我的话会问：“那他具体是通过什么样的努力克服学历束缚的？”请你关注接下来要讲述的故事。如果你想听一听比我的理论更真实，如特浓咖啡一样的方法，那就聆听下面这个人的故事。

到目前为止，我已向所有人吐出了毒舌。接下来该提供比我说的更有用的鼓励和秘诀了。我不能保证它是甜的，但它肯定是对身体有益的。这副药的名称就是“金度润”……

Part Ⅱ

没有翅膀，所以努力奔跑

金度润对你的鼓励

Chapter 5

我这样的人都能行，你为什么不可以？

都说三流大学的学生没有前途，

但我连三流大学都不敢奢望，

我曾经就是这样的人。

那样的我成为了现在的我，

而现在的我才有资格对你说：

“像我这样的人都能行，你为什么不可以？”

我就是这么一个人，没有勇气说出自己的意见，
也没有毅力默默坚持下去

对自己没有信心，也就没资格得到自信

世界没有嘲笑我，因为它根本就不知道我的存在

我从小个头就小，而且长得还像东南亚人，我的性格相当安静内向，连走路都不敢抬头，非常害怕走向外面的世界。就算我某一天鼓起勇气找到自信，向外面的世界迈出了一步，只要周围的人说一句“你是非洲来的吗”“你父母是韩国人吗”之类的话，我就会打道回府。这样，我身上最大的问题——缺乏自信，也越来越严重。

上小学的时候我有过两次最值得骄傲的记录。想知道是多么伟大的事情吗？就是在学校拉屎（如果加上非正式记录，应该是三次，不过那次班里的同学没有察觉到，所以才能蒙混过关）。也许你会认为我是不是消化系统出了问题，会向我投来同情的目光，其实这跟我的身体健康一点儿关系都没有，这完全是我精神上的问题，所以我其实是个更值得可怜的人。

说真的，上课的时候我连举起手来说“老师，我能去趟洗手间吗”的勇气都没有。我害羞到把这句话当成了绝对不能说的禁语。有一次实在憋不住了，我的排泄物就破壳而出了，那一天我被全校人嘲笑。这种嘲笑成了束缚我进一步走向外部世界的枷锁。

别人对你的嘲笑一旦开始，你就会受到更多的嘲笑。其实我只需举一下手就能避免所有的侮辱，然而那时候的我就是一个连这么简单的事都不敢做的胆小鬼。

如果我的学习成绩不错也就算了，但是我小学的时候在班里也只能排到二十名，而且后来越来越退步，高中的时候班里总共有五十个人，我却一直徘徊在四十名左右，几乎是向着全班倒数第一迈进。我真的没有游手好闲，因为我连玩都不会。老师让我做什么我就做什么，别人怎么做我就怎么做。眼看自己无论怎么努力，学习成绩还是一直往下掉，我就开始越来越讨厌学习。到了毕业的时候，我连一所四年制的大学都没有考上。我能选择的只有两年制的大专院校。

大专里，大家疏于学业仿佛是很自然的事，等待我的只有网吧、歌厅和酒馆。在那里，人人都玩得兴高采烈，没有人能想起梦想和希望。最终我的平均成绩连2.0都没到，就去入伍了。

更大的问题发生在退伍之后。当我想要重新进入校园上学的时候，我发现我已经是大二的毕业生了。什么都还没做就要准备毕业了，这实在让我无法接受。为了逃避毕业，我开始准备复读大学，参加第二次高考。然而我原本脑子就不好使，学习习惯也不好，能考出个什么成绩呢？幸运的是，后来我贴边考上了四年制地方私立大学的管理学系。拿到录取通知书的第二天，我才有勇气向原来的大专提交退学申请。

当时我以为自己哪儿都考不上，所以迟迟不敢提交退学申请。就这样，我从两年制的大专逃避到了四年制的地方大学。人们会以为“原来你是因为大专丢人才考到四年制学校的啊”，不过对我来说，四年制大学仅仅是一个避难所。当时我非常害怕进入社会。

从这短短的故事中，你们就可以看出，我是一个什么都不行的人，极度消极，学习成绩极差，是个再平凡不过的学生，不对，应该说我也算是学生中的奇葩了。因为当时的我已经二十六岁了。

烧酒杯中父亲的叹息

填补那声深深长叹的130个经历

一天只睡四个小时，还有130多个经历

我后来之所以会改变，是因为我还有愧疚之心。

后来改变我的是二十六年来一直在我身边看着我长大的父亲对我说的一句话。父亲为了抚养全家，在狭小的出租车驾驶座上一坐就是二十年，但是他没对我说过一句伤我自尊心的话。但是二十六年来，我没有给父亲带去过一点儿希望。有一天，醉醺醺的父亲对我说：

“儿子啊……这样有点丢人啊。”

我身上什么都没有，不过对父母的负罪感还是有的。随着年龄的增长，我对他们的负罪感变得越来越强烈，不过这也许就是上帝给我的最大的人生礼物。

父亲的一句话让我改变了很多。不管别人是不是相信我，就算连我自己也不相信自己，我也不能失去父母对我的信任。父亲在说

出那句话之前，是做了多大的思想斗争，经历了多么大的痛苦啊。一想到这里，我就暗自下定决心："好吧，我至少要向爸妈展现一次，争一次气。"

我人生的转折点，就是从那时候开始的。

我开始想："我到底喜欢什么呢？我到底擅长什么呢？"为了了解真正的世界，我想我应该积累实践经验和书本知识。我觉得自己没有能力，所以想走一条适合自己的道路，而不是别人走过的捷径。

想到实践经验，我决心尝试一下大学生能参加的所有事情。虽然我到二十六岁才有了自己的梦想，但到目前为止，我的梦想太抽象，所以我打算让梦想更加具体一些。公益展、海外志愿活动、实习……一开始听过很多"一个三流大学生，年纪也不小了，不要想着那些不相干的事情，好好准备找工作吧"之类的话，但我为了打破别人的偏见，更加努力了起来。

在那么多对外活动中，我记忆最深刻的就是第一次参加公益展。我人生中参加的第一次公益展主题是"健康福利部大学生禁烟活动"，需要参赛者制订有关禁烟的营销/宣传计划，预选赛有五百多个团队参加，决赛有一百六十五个团队参加，可谓全国规模最大的赛事。

我不分昼夜地为公益展做准备。

结果拿了第一名。

也许有人会说，我在第一次公益展就获得了第一名，肯定是个有能力的人，然而我其实完全用的是蛮力（后续的篇幅中我会慢慢解释）。

那次活动之所以会给我留下那么深刻的印象，不是因为我拿了第一，而是因为它给我带来了不小的触动。

“我这种人居然也能拿第一，我付出的是比别人更傻的蛮力，却也能拿第一。看来往后只要继续坚持努力就肯定行。”

第一次公益展给我的礼物就是让我认定了只要努力就能行。

之后我开始按照自己的方式走下去。虽然起跑线远远地落后于别人，但我却凭着蛮力疯狂地向前冲着。三年的时间里，我参加了几乎所有我能够参加的对外活动。人们甚至担心我：“你以为自己有几个身体啊，那么拼命哪有时间休息啊？”不过我其实真的无所谓。

最好的证据就是名片。我在参加那么多活动的过程中，使用的名片也自然而然地多了起来。有些是机构给我做的，有些是我有特别需要自己制作的，到最后我发现我的大学时期光是名片就有六套。其中个人用名片两套、对外活动用名片两套、学校用名片一套，还有单位用名片一套。我之所以会有那么多名片，是为了跟不同类别的人介绍自己的时候能够更加明确地表达我的身份。当时甚至有人问我：“你这个学生到底是干什么的？怎么有六套名片？”当然，现在剩下的只有一套单位用的和一套记录我宝贵梦想的。

就这样，我没日没夜地奔跑着，三年内积累了一百三十多个经历。

- 拜访韩国国民代表六十一人（韩国国会官方指定）；
- 全国及校内公益展获奖十七次；
- 汇报大赛第一名（企划财政部主办）；
- 大企业及外国企业实习三次；
- 海外访问及海外志愿活动五次（尼泊尔、蒙古、中国、日本）；
- 各类资格证书二十件；
- 志愿活动累积时间五百六十个小时，宣传大使及对外活动二十六次；
- 大众媒体宣传报道七十多次。

其实最开始我开心的是我的能力发生了改变。换句话说，越来越耀眼的履历让我不由自主地自豪起来。各种媒体都刊登了有关我的报道，我在学校里也成了名人。要知道，从前的我可没有受到过这个世界的一点儿关注，瞬间成为焦点的感觉真心不错。

不过比起这些，更重要的是我结识了很多人。在参加各种各样的活动的过程中，我遇到了畅销书作家、国会议员、大邱市长等各类社会上流人士，我与他们分享了我的梦想，听取了他们的建议，我逐渐认识到人和人之间传递的信息和教导是如此重要。

对我来说，最大的感悟就是“了解了自己”。其实我在小学、初中和高中都获得过勤奋奖，自习也基本没逃过课，学习的努力程度绝不在别人之下，然而我的成绩却越来越差。当时我真的不知道是为什么，不知道我为什么怎么努力都不行。直到参加完第一次公益展之后，我才知道了其中的原因。我是一个“远远不如他人的人”。

所以我和别人付出同样的努力是远远不够的。随后我要求自己一天只睡四个小时。就这样，我做到了我所能做的所有事情。不知不觉间，之前逝去的时间，如今我追回来了。最终，我，征服了时间。

电话那头传来一句后辈的珍贵的话，
就像是听到了总统的表彰

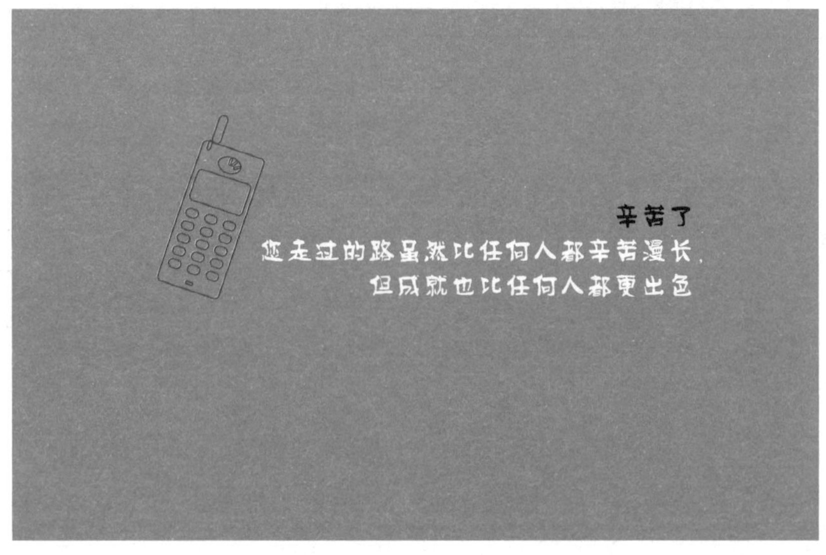
辛苦了
您走过的路虽然比任何人都辛苦漫长，
但成就也比任何人都更出色

曾经全校倒数第一的我，三年后成了国家表彰的人才

“您荣获了2010年‘韩国人才奖’，恭喜您！”

作为一个已经二十六岁的人，我的起点一开始就比别人低很多，但是在毕业的时候我获得了“韩国人才奖（总统亲自表彰）”。从几近全校倒数第一到成为国家认可的人才，我整整花了三年的时间。在一个人漫长的人生旅程中，三年虽然是一段很短的时间，然而我却感觉那么痛苦和漫长，因为我比任何人跑得都卖力。

其实这个奖也不是突然从天而降的。那之前的一年，我曾在韩国人才奖最终审核中落选，之后的一年经过再次挑战才拿到了这个奖项。那是我很久以前就梦寐以求的奖项。后来我重新准备了一年，但这其中的等待却不是那么轻松的。周围的人都对我说，该收收心准备找工作了，不要搞那些没有意义的事情，并竭力劝我退出。当时不管是从精神上还是身体上，这件事对我而言，真是一次

巨大的磨难。

不过我终究不愿意放弃。我觉得因为害怕再一次挑战而逃避不应该是我的作风，而且我非常渴望向所有人证明，我能够成就愿望。那段时间我之所以能够忍受住，重新站起来再一次尝试挑战，都是因为我的梦想。得到那个奖就等于国家认可我有过多样的经历，而且是非常努力的，这样一来，我就可以给无数听到我故事的人带来共识。

所以那次失败反而给了我更大的成长契机，让我在国际交流咨询公司实习，去海外参加志愿活动，培养了我全球化的视角。

在颁奖典礼上，我掩饰不住脸上的笑容。我能和金妍儿[①]、孙妍在[②]等名人一起获奖，一想起来我就兴奋不已。不过与此同时，一股莫名的伤感也涌上我的心头。因为我很清楚，我和她们并不是同一级别的人。对于她们来说，总统表彰或许只是她们生命中很小的一件事情，在其他场合她们照样可以大放光彩，然而对于我来说，此时此刻也许就是我人生中最辉煌的时刻。我又开始陷入了不安。因为我脑海中忽然产生了疑问，就算我付出所有能够付出的努力，也无法超越她们吗？

---

① 金妍儿：韩国历史上第一位具有世界水平的花样滑冰运动员。她是花滑史上第一位集冬奥会、世锦赛、大奖赛总决赛、四大洲赛、世青赛冠军于一身的女单大满贯得主。

② 孙妍在：女，生于1994年，韩国艺术体操运动员，清新脱俗，气质极佳，被网友称为“艺术体操美少女”，并一跃成为众多韩国少男的梦中情人。在2010年的广州亚运会上，她一举夺得艺术体操个人全能铜牌。被称为艺术体操界的金妍儿。

然而我还是无法放弃。她们的梦想是宝贵的，我的梦想也是无可替代的！为了成为能给韩国带来梦想和希望的榜样，我不会停下脚步。因为这就是我的梦想。

我终于迎来了毕业的一刻。二十四岁入学，三十岁毕业，整整六年的岁月匆匆而过，我已经不再是一个大学生了。就算犯下错误，也不会有人对我抱以宽容一笑了。我和生活在这个时代的所有人一样，不得不逐渐踏入可怕残酷的现实社会。我不再奢望自己踩到的每一块土地都是平坦坚实的。我知道偶尔肯定会遇到沼泽，我只希望那片沼泽也通向我最终的梦想。

与其做一个高谈阔论的人，不如做一个善于感受的人；与其做一个善于感受的人，不如做一个时常感悟的人。没有学历、没有人脉、没有金钱的我还有什么可挑剔的呢？这样的我内心反而变得淡定平静。毕业典礼结束时，一个要好的后辈给我打来电话：

“辛苦了，您走过的路虽然比任何人都辛苦漫长，但成就也比任何人都更出色。”

不要抱怨你所在的环境不理想

不要忘了，亚当在伊甸园也曾沮丧过

总统亲自表彰的人才，却不被社会承认

毕业前，我很幸运地接到了国际交流咨询公司的邀请，我之前在那里实习过两个多月，这次邀请我是因为他们认可了我之前的表现，要我成为他们的一分子。

在我看来，公司选择如此“残缺”的我，并不是因为我拥有强于他人的热情和挑战精神，而因为从社会标准来看，虽然我的学历是最低的，英语水平也很差，甚至不敢向外国企业投简历，但我却有着很多一般人没有的经验，并且在除英语之外的其他领域中也有着出色的经历；尽管我与学历和英语成绩都很出色的学生不一样，是个平凡的学生。但无论是在亚马孙，还是在南极，我都能凭借自己的一腔热血走出困境，而公司看中的正是我的这些特点。

我来到首尔，到该公司的人事科面谈完后准备最后的面试。

因为是公司先提出的约见，所以在我看来这好像已经算是确定的事了。但在最后的面试环节中，我却听到了意外的答复：

“很抱歉，我们无法雇用金度润先生。”

这是哪门子的事？这对我而言不啻是晴天霹雳。并不是我主动提出来要进他们公司的，是他们来找我的，现在却说不能雇用我了，这实在是让人难以理解。

但公司那边有着充分的理由。

我之所以能在他们公司实习，是因为我在他们公司主办的公益展中获了奖。但当时因为我对公益展的结果并不是很满意，所以在颁奖典礼当天，我当着所有嘉宾和观众的面指出了大赛评选结果存在的问题。事实上其中的确有值得质疑的地方，但回头想想，当时我的态度的确过分傲慢和无礼了。看到这样的情景，嘉宾们开始质疑公司的所作所为，可想而知他们当时有多么难堪。

那次事件之后，虽然按照获奖规则我得到了实习机会，但所有人都不怎么欢迎我，这也是情理之中的事情。

所以当时的负责人知道了公司要雇用我的决定，就极力反对，还表态说：“就算进入公司，也不能让他在我的团队里。”他说我的态度总有一天会给交流咨询公司带来损害。过去的事情的确是我不对，但那已经是一年前的事情了，所以我苦苦哀求说自己在很多方面有了改进，但是一点儿用处都没有。因为公司已经下了最终的决定。

在最后的面试环节，我感受到了社会的无情是多么恐怖。我甚至都想过要跪下来求他们，但又觉得没有任何意义，于是打消了这个念头。不知是出于愧疚还是什么，公司给了我一个提议："我们要不先签一年的合同吧。如果表现不错，就正式录用，不过结果我们也无法保证。"

这样我也算是通过了最终面试，得到了合同邀请。我实在坐不下去了，对他们说给我点儿时间考虑一下。

从首尔返回大邱的路上，我的眼角一直挂着泪水，越想越委屈："三年间我付出了多少努力，还得到了所有人都羡慕的总统表彰，现在却得到这种待遇。"

比起我遭受的这些伤痛，更让人不安的是周围人的反应。母亲和朋友，还有学校以为我已经成功进了外企，而且是正式职位。《东亚日报》甚至还把我进入公司的事情写成了报道。很多人都打来电话恭喜我，还给了我一些建议。我实在无法告诉他们："不是的，只是试用职位。"因为事情已经闹得很大了。

这样一来，我的话越来越少了。我骨子里就不喜欢说谎，却又无法委婉地表达当时的立场。当时我在学校的一个项目中去日本企业访问了几天，但是我在那里没有和任何人亲密相处过。我的状态很差，当时如果我有胆，没准儿就跳进日本海了。因为我这辈子最讨厌的就是说谎，但我却不得不把这个谎言吞进肚子里。就这样，我患上了失语症，害怕和人打交道，害怕走进外面的世界。

不过这一切都无法推到别人身上。因为无论结果如何，无论我有多么痛苦，所有的结果都要归结到自己身上。

Fail
失去部分

Give up
失去全部

可以没有实力，但绝对不能不勤奋

我没有对包括我母亲在内的任何人说合同的事情，来到了首尔。我之所以不惜说谎还选择进入我们公司，完全是为了证明我自己。“你们曾经遇见过的的确是我本人，但我现在已经成长了很多。”我想用行为代替解释。因为人们并不是看你说了什么，而是看你做出了什么。

职场生活对我来说是一个全新的开始，所以并不那么容易。我所进的是一家跨国交流咨询公司，我大体上面临着两方面的困难。

首先，既然是外国企业，那么就不得不接受英语的洗礼了。当然，公司在选择我的时候已经知道我的英语水平有限。不过我是那种连基础的英语会话都觉得困难，而且本身就没有任何英语资格证书的人，不困难才怪呢。公司里有一些从国外留学回来的教授或员工，和他们说话时，他们经常会不自觉地说一些英文。对于别人来说可能是一些熟悉的单词，却经常让我大脑短路。每当遇到这种问题，我就只能先记下来，回头再去查那些单词是什么意思。另外，在公司总部或在本部工作时我也经常遇到各种各样的英语，这对我展开工作的自信带来了很大的影响。

第二个问题也颇为严重。我所在的单位既然是交流咨询公司，肯定需要具备营销和公共关系方面的知识，但我对此几乎一无所知。虽然我毕业于管理学系，但我对课外活动的兴趣远远大于对课程的兴趣，所以跟我积累的经验相比，我的营销知识少得可怜。这就致使有时会议上讲的明明是韩语，我却始终无法理解他们在说什么。所以我用录音笔把会议内容录下来，下来后反反复复听，以便熟悉业务。

在这样的状况下，应该每个人都会受挫。我也不例外。然而我很清楚自己是怎么来到这家公司的。我需要证明我的能力，因而我反复自我暗示："你可以的。不，你肯定能做得很好。"

为了集中精力学习和熟悉业务，我决定在公司附近找个地方住。这样我就可以把浪费在路上的两个小时用在自身能力的增长上了。我选择了公司门口的考试院。

在考试院生活不仅可以减少浪费在上班路上的时间，还可以让我时时刻刻都能接触到公司业务。在公司门口生活，前辈们有时会让我帮忙做一些琐碎的事情，就算周末让我加班，我也可以很方便地去公司。就这样过了一年，很多人对我说过"你这一年真的很用功"之类的话，但我没有任何抱怨。就算有个大房子，我回去也只是睡觉而已。

我把工作之余的其他时间最大限度地用在自我开发上。在第一年的职场生活中，我买了一百五十多本有关营销、沟通和自我开发的图书。因为觉得自己还很不足，所以一有空我就会读书，尽量了解一些对业务有帮助的知识。就这样，我一个星期至少能读两本书。

睡眠时间也只能减少到每天五个小时。

这些努力带给我的回报就是“从你身上能够看到一股认真和努力的劲儿”之类的评价，最终我从试用员工转为了正式员工。

上大学的时候，我时常无法控制自己的情绪，怀着“以后再也不用见了”的心态，做出了不少无谓的举动。我从中感受到了一点：你总有一天要为自己的所作所为承担责任。公司冷酷地以试用的方式让我为之前因冲动犯下的错误付出了代价。

不过值得庆幸的一点是，社会不会一直死死咬着你的失误不放。只要你愿意承认自己的错误，为挽回它而付出足够的努力，社会肯定会更加爱护你。我作为试用员工在公司上班期间，代表领导经常会称赞我，给我鼓励，副总和组长还为我能否转为正式员工担忧。

还有一点，当你经历了一次失败之后，如果你因无法忍受它带来的痛苦而放弃的话，那就等于你同时错过了第二次补偿内心伤痛的机会。失败会让你失去自我心灵的一部分，但放弃会让你失去整个心灵，这是我通过一年的反省和努力才学到的。

在成功转为正式员工之后，我对代表先生说了这么一段话：

“代表先生，我觉得正因为我是从试用员工开始的，所以才学到了更多的东西。如果让我回到过去重新选择，我还是会选择从一个试用员工做起。过去的一年对我来说实在是宝贵的时光。我非常感谢您。”

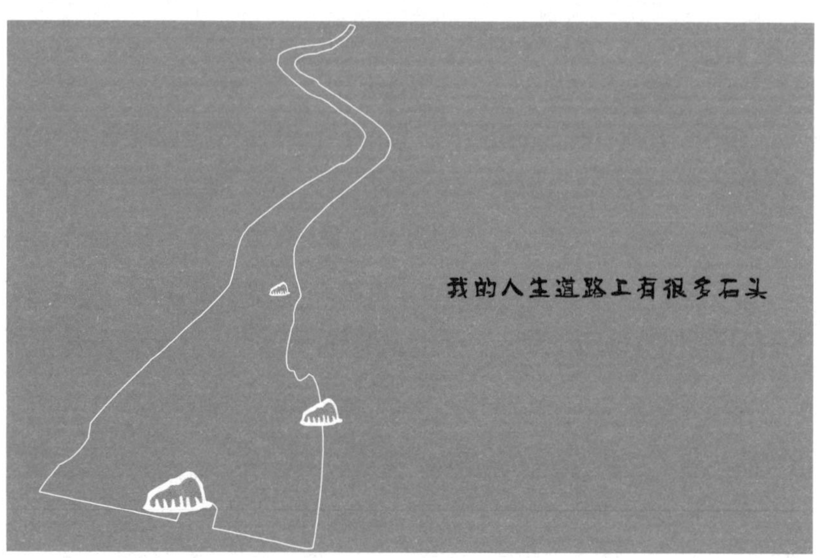
我的人生道路上有很多石头

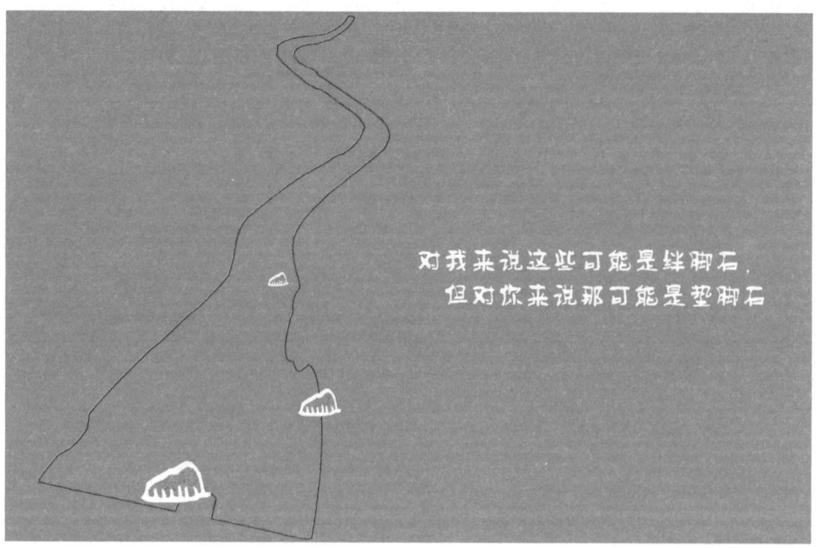
对我来说这些可能是绊脚石，
但对你来说那可能是垫脚石

如果人生就是一场马拉松

最近失业和三放族（放弃恋爱、结婚和生育）青年增多，为了安慰这些人，市面上也有不少演讲和图书，更有不少名言名句抚慰他们内心的伤痛。一位教授提到过“人生钟表”的概念，安慰我们道：“青年没有必要焦躁，慢慢走就行。”

06：00 = 20岁

12：00 = 40岁

18：00 = 60岁

24：00 = 80岁

如果把一天二十四小时看成人生的八十年，那么二十岁仅仅相当于清晨六点而已。换句话说，我们剩下的时间要比我们想象的多得多，所以不要焦躁。而有些教授把人生比作马拉松比赛：

10.5km = 20岁

21.0km = 40岁

31.5km = 60岁

42.195km = 80岁

我有个疑问，你也是这么认为的吗？

乍一看来，二十岁仅仅相当于清晨六点和10.5公里。但你知道如果在马拉松比赛的前三十公里无法进入前头的部队，就不可能戴上奖牌的事实吗？对于马拉松选手来说，前三十公里就是决定成败的关键点。我想问那位教授一句："教授您为什么在年轻的时候那么焦躁呢？"

我们其实都被骗了。无论是著名教授，还是畅销书作家，他们大部分人曾经都是充实地生活着的，也毕业于不错的大学。他们还拿到了一般人不敢去尝试争取的各种资格证。他们对我们说不要着急，每个季节都有不同的花绽放，其实这一切前后的逻辑都是矛盾的。当然，每个人发光的季节可能不同，这是运气和时机的问题，但并不能理解为你可以慢慢悠悠地走。不要被那些已经获得成就的人说的一两句话迷惑。

我在最开始时就说过，我比任何人都差，我比任何人都残缺，我的起步比任何人都低。我说的话并不是那些出色的人能够说出的话，这一点让我感到非常庆幸。因为跟我类似的人还有很多很多。

正因为我度过的时光是那么不堪回首，正因为在那段时光中我遭受了剧烈的痛苦，正因为我明知自己差也没有放弃，正因为我能够把成果证明给世界看，我才有资格对和我处境相同的人说我们应该用什么样的方式在这难解而复杂的社会中生存下去。

但我要说明，我所说的话肯定不是“正解”。正如不同的人走过无数不同的道路一样，我说的仅仅是我自己走出来的一条路而已。只不过因为我本身是个有很多缺陷的人，我的人生道路上才会布满更多石头。我希望对比我更加优秀的你们来说，这些石头能够变成你们的垫脚石。

接下来请允许我讲述我走过的道路和碰到的石头。

Chapter 6

我成就自己的十一种方法

现在社会上掀起了自我开发的热潮。

无数的演讲和学习会打着自我开发的旗号不断地搜刮财富。

然而，那些演讲很少提到实践梦想的具体方法。

我们经常听到的仅仅是“寻找你的梦想，去征服时间”等毫无意义的空话。

怎样去寻找梦想，怎样去征服时间，这些实际的做法他们并不会告诉你。

我们需要的不是“What”，而是“How”。

接下来请听我慢慢对你说说我领悟到的十一种方法。

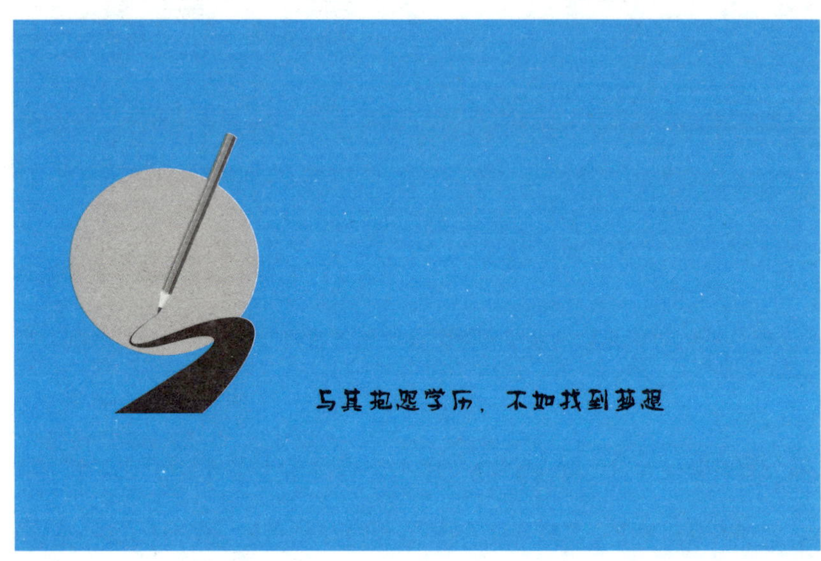
与其抱怨学历，不如找到梦想

与其抱怨学历，不如找到梦想，
因为梦想就是最高学历

一、关于“内心”
——哈佛也是地方大学

世界上哪所大学最好呢？依据不同的判断标准，可能是牛津大学，也可能是耶鲁大学，还有可能是普林斯顿大学。不过，在听到这个问题时，第一时间浮现在你脑海里的应该是哈佛大学吧？

哈佛大学属于美国东部八所名牌私立大学组成的常春藤联盟，但在我看来，哈佛大学也是地方大学。因为美国的首都是华盛顿，而哈佛大学位于美国马萨诸塞州波士顿剑桥城，因而哈佛大学不属于首都圈大学的范畴。

我居然把世界上排名最靠前的名牌大学说成是地方大学？！这的确有点儿耸人听闻。不过，我并不是要把名牌大学与地方大学画等号。诚然，毕业于名牌大学的学生的确要比毕业于地方大学的学生更加优秀，获取优质社会资源的机会更多。但是，那也只是“概率”高而已，毕竟现在已经不是毕业于名牌大学一个人的未来就能得到良好保障的时代了。

毕业于名牌大学不能保证你成功，毕业于地方大学也不是注定你就会失败。只要你能力足够出众，只要你肯付出努力，学历的光彩对你而言，也会黯然失色！

所以，我们所要做的是克服我们因毕业于地方大学而产生的自卑心理，而不是想方设法地掩盖毕业于地方大学这一事实。

当今社会，很多年轻人陷入了就业困境；越是小的地方，这种现象就越突出。因而，很多年轻人都放弃了自己的梦想。更确切地说，是他们的梦想迷失在了现实中，使他们只能在眼前的就业问题面前拼命挣扎！我想对这些人说一句话：你可以继续追寻你的梦想，你有权利追寻你的梦想！

我在一次与母校校长一起就餐的过程中，问他："当您看到学生时，最令您痛心的是什么？"他只说了一句话，那便是："缺乏自信！"我上大学时就从同学、前辈、后辈身上发现了这个问题，校长也同样领会到了。

为什么你还没有经历过一次挑战，或者因为失败过几次就想到要放弃呢？说句真心话，我对这样的行为难以理解。诚然，毕业于地方大学的学生未来发展会受限，这有学校方面的原因；但更重要的是我们的学生在一片"不行"的社会声音下，畏缩不前，自己给自己设限。人们都说不行，所以你也就认为自己真的做不到了。

我想对这些人说"我们也是可以的"。学历，只是一个证明自己经历的证件而已。正如歌手朴振荣所说的，二十岁时我们所停留的那所大学，不能永远将我们分为胜利者和失败者。难道你想永远被社会的惯性思维锁住，做一个失败者吗？

学历虽然很重要，但它无法阻挡你实现自己的梦想。即便你拥有世界上最高的学历，而我只有世界上最低的学历，你也不能轻视我的梦想，我也没有资格看轻你的梦想。一切只因为：梦想才是最高学历！

或许至今还有人会用别人的标准来衡量自己的价值。若是用那种标准来衡量，那么我比别人晚四年上大学，三十岁时才大学毕业，比别人晚了多少！然而，那时的我拥有战胜一切的梦想。也正因为如此，今天的我才有资格写这本书。周围的人总是对我说："你是地方大学毕业的，毕业时年龄又那么大，现在是不是有实力有那么重要吗？"每当听到这样的话，我总是淡然一笑，在心里告诉自己，不要用所谓的社会标准去衡量自己的价值。我们的价值标准应来源于内心。而且，在寻找内心价值的同时，我们的梦想就会实现！因而，不要再抱怨周围的环境，因为那只是我们无法成功的借口而已，并不是我们不能成功的真正理由。希望你早日找到自己的梦想，并为了追寻梦想而不断挑战。尽管有时我会对自己的未来感到畏惧，但我依然会挑战未来，永不放弃！因为我知道，倘若我现在停下来，那就太愧对自己已然走过的三十一年的风雨人生路了。

我很清楚，一个没有高学历的人在这样一个竞争激烈的社会中追寻梦想、不断挑战会很辛苦，但我坚信：只要竭尽所能地付出，总有一天，通向梦想的那扇大门会为我敞开！

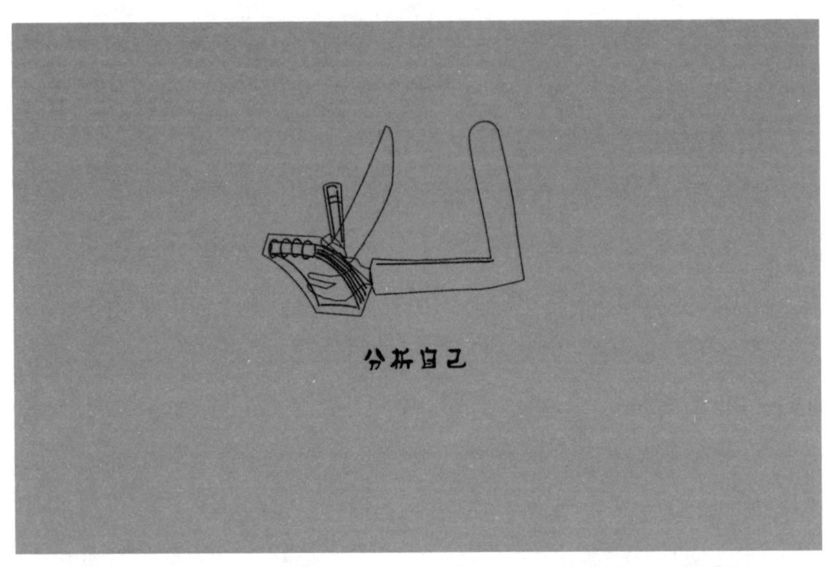
分析自己

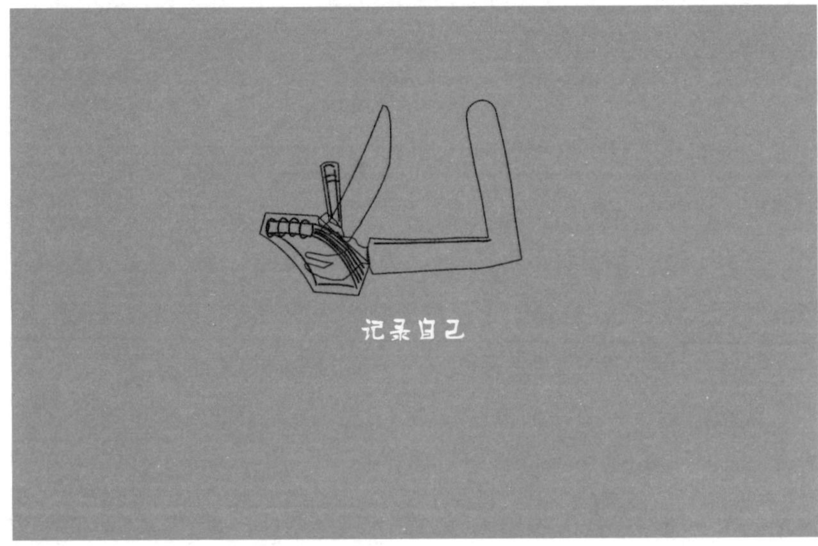
记录自己

二、关于“梦想”
——分析自我

世界上人们最希望了解的人是谁？所爱的人？还是名人？

其实人们对自己最好奇。星座、算命、MBTI[①]等都是用来测试和了解自己的方法，还有占星术和各种检查等。积极的人会主动问周围的人：“我的优点是什么？我的性格怎么样？”更积极的人还会接受专门的心理测试。

我为了更加全面地了解自己，曾经也做过未来职业发展空间、职业监测、MBTI等测试。不过这些测试只会勾勒出一个大概的我，光凭这些是无法清楚地认识自己的。既然不是针对个人的，而是面

① MBTI：迈尔斯布里格斯类型指标，用于表征人的性格，是由美国的凯恩琳·布里格斯和她的女儿伊莎贝尔·布里格斯·迈尔斯制定的。该指标以瑞士心理学家荣格划分的八种类型为基础，加以扩展，形成四个维度，这四个维度就是四把标尺，每个人的性格都会落在标尺的某个点上，这个点靠近哪个端点，就意味着这个人有哪方面的偏好。

向大众的测试，那么也就不能期待它会帮你锁定具体的结果，也无法让它给出实际的建议。

就在那时，我脑子里突然冒出了个想法："对，我亲自做个问卷调查吧。我自己想出题目来，让周围的人对我做出评价，这是专属于我的测试。"

然而，没想到这简单的想法实施起来却并不那么容易。我以为在韩国至少有一个人做过关于自己的问卷调查，但最终没找到一个案例。我们在想出新点子时，最开始会参照相似的案例进行模仿，既然我没有案例可以参照，"了解金度润"就变成了一个探索未知世界的全新的大型工程。

我最先做的事情就是找出三十个能够评价我的人。参与问卷调查的人一定要对我有较深的了解，并且年龄段、职业和性别分布要全面，只有这样才能得出客观的评价。既然开始那么不容易，就不能期望只得到我喜欢的答案。就这样，我花了整整一个星期的时间，才找到能够参加问卷调查的人。看下面的表格你就知道，我的调查对象从高中同学到大学教授，分布非常广泛。

接下来我要做的事情就是制作问卷。为了让问卷具有客观性和多样性，我设置了叙述题和客观题两种调查题目，叙述题中为了免去麻烦，只留了可以写三个特征的地方。最吃力的就是出客观题了。我又是上网，又是查资料，光是制作问卷就用了两个星期的时间。

不过这些最终也变成了废品，千辛万苦做好的问卷只能丢掉。最初的问卷中，"金度润是一个人际关系好的人"等问题的答案分

“了解金度润”问卷调查参加者分布情况

性别	男（15名）		女（15名）			合计
关系	晚辈 5名	朋友 10名	哥哥/姐姐 5名	家人 3名	其他 7名	30名
职业	大学生 15名	公务员 2名	白领 3名	教授 4名	其他 6名	
认识时长	不到1年 3名	1~2年 7名	2~3年 8名	3~5年 6名	5年以上 6名	
年龄	不到20岁 2名	20~29岁 17名	30~39岁 5名	40~49岁 3名	50岁以上 3名	

出了五个，即“完全不是—不是——般—是—非常是”。但在我做完问卷，拿到教授那里寻求反馈时，没想到教授说题目没有标准，结果没有可信性，让我在每个题目中设置三个提问。已经给三十个人发出了问卷，而且结果都统计好了，真让人头痛。不过教授的提议更合理，于是我只好重新弄。在追加提问项之后我又再次麻烦三十个人做了一遍问卷。

最重要的就是“客观性”，为了做到客观，我在问卷的开头写下：“各位的回答会为我将来的飞跃发展提供非常宝贵的土壤。期待您真心的回答。”在面对面要求对方填写问卷时也再三请求对方给以百分之百客观的评价，我还嘱咐他们说只有这样我才能够成长。我当时做好的问卷如下页。在此，也希望各位能够根据自己的特点进行修改。

问卷调查

您好。我，金度润希望了解各位对我的看法，因而制作了这份问卷，以便将来能够让我发扬自己的长处，弥补自己的短处。各位的回答会为我将来的飞跃发展提供非常宝贵的土壤。期待您真心的回答。

基本信息

姓名	金度润	出生年月日	1982.○○.○○
年龄	26岁	学历	启明大学经营学系3年级
联系方式	010-○○○○-○○○○	电子邮件	Smile****@naver.com

优点

第一	
第二	
第三	

缺点

第一	
第二	
第三	

填写人信息

姓名		性别	
年龄	满　岁	职业	
和金度润的关系		认识时长	
联系方式		电子邮件	

调查问卷

1. 有关人际关系的题目。（　　）

（1）能够理解对方的立场，妥善地处理和他人的协作关系，人际关系不错。

①完全不是　②不是　③一般　④是　⑤非常是

（2）喜欢在他人处于困境时伸出援手，主动对他人表示友好。

①完全不是　②不是　③一般　④是　⑤非常是

（3）善于处理和他人的关系，具有融通性。

①完全不是　②不是　③一般　④是　⑤非常是

2. 有关沟通交流的题目。（　　）

（1）用明朗的微笑对待他人，以称赞开始对话。

①完全不是　②不是　③一般　④是　⑤非常是

（2）善于倾听，是一个沟通的好对象。

①完全不是　②不是　③一般　④是　⑤非常是

（3）能够准确表达自己的意见，善于沟通。

①完全不是　②不是　③一般　④是　⑤非常是

3. 有关自信的题目。（　　）

（1）把自己的价值看得非常重要。

①完全不是　②不是　③一般　④是　⑤非常是

（2）在意见或思维方式上有自主性。

①完全不是　②不是　③一般　④是　⑤非常是

（3）善待他人的好意，具有正面的思维方式。

①完全不是　②不是　③一般　④是　⑤非常是

问卷调查

4. 有关道德的题目。（　　）

（1）看见不好的现象时有勇气指出来。

①完全不是　②不是　③一般　④是　⑤非常是

（2）生活态度端正，公益精神出众。

①完全不是　②不是　③一般　④是　⑤非常是

（3）具有道德，对待他人有基本的礼貌。

①完全不是　②不是　③一般　④是　⑤非常是

5. 有关财产管理的题目。（　　）

（1）借钱时肯定会在说好的日期内还清。

①完全不是　②不是　③一般　④是　⑤非常是

（2）储蓄有规律，努力学习有关理财的知识。

①完全不是　②不是　③一般　④是　⑤非常是

（3）对自己花钱有控制力，不会铺张浪费。

①完全不是　②不是　③一般　④是　⑤非常是

6. 有关可靠性的题目。（　　）

（1）无论面对什么样的诱惑，都可以遵守和他人的约定。

①完全不是　②不是　③一般　④是　⑤非常是

（2）做任何事情的时候，只要和这个人在一起就会感到安心。

①完全不是　②不是　③一般　④是　⑤非常是

（3）是一个会为人处世的人。

①完全不是　②不是　③一般　④是　⑤非常是

问卷调查

7. 有关诚实和责任感的题目。（　　）

（1）学校、学院授课及同学会活动不会缺席。

①完全不是　②不是　③一般　④是　⑤非常是

（2）能够承认自己的错误，并对其负责。

①完全不是　②不是　③一般　④是　⑤非常是

（3）无论什么事情都可以合理追求，就算困难，也会努力把事情做完。

①完全不是　②不是　③一般　④是　⑤非常是

8. 有关自我管理的题目。（　　）

（1）为了开发必要的专业知识和能力，制订具体的计划，并不断努力。

①完全不是　②不是　③一般　④是　⑤非常是

（2）无论有什么样的诱惑，都会完成当天的工作。

①完全不是　②不是　③一般　④是　⑤非常是

（3）为了健康的身体，控制吸烟和喝酒习惯，定期运动。

①完全不是　②不是　③一般　④是　⑤非常是

9. 有关创新性的题目。（　　）

（1）对待事物和现象有独特的见解，具有渊博的知识和灵活的思维方式。

①完全不是　②不是　③一般　④是　⑤非常是

（2）为了解决问题而思考新方法，对待难题会采用独特的思考方式。

①完全不是　②不是　③一般　④是　⑤非常是

（3）对周围的事物抱有疑问，不断质疑。

①完全不是　②不是　③一般　④是　⑤非常是

问卷调查

10. 有关领导能力的题目。（　　）

（1）在团队中制订明确的目标，为了实现目标竭力让队员产生共鸣。

①完全不是　②不是　③一般　④是　⑤非常是

（2）在和朋友的聚会或在团体活动中，主导全场和领导氛围。

①完全不是　②不是　③一般　④是　⑤非常是

（3）以身作则，将他人带入自己的计划中。

①完全不是　②不是　③一般　④是　⑤非常是

11. 有关热情和挑战精神的题目。（　　）

（1）对事情总怀有热情，就算出现问题也不会放弃，坚持挑战。

①完全不是　②不是　③一般　④是　⑤非常是

（2）当他人对自己做的事情提出批判或质疑时，会欣然接受，更加努力。

①完全不是　②不是　③一般　④是　⑤非常是

（3）为了见到更大的世界，心怀自信和求胜欲，积极与生活碰撞。

①完全不是　②不是　③一般　④是　⑤非常是

12. 在做综合判断时，能够在组织中结下和睦的关系，并能做好工作。（　　）

①完全不是　②不是　③一般　④是　⑤非常是

金度润综合分数（　　）

年　　月　　日

填写者　　　　（人）

从制作问卷到分析结果再到最终的统计，我总共花费了一个月的时间。最终结果如下表所示。因为本书篇幅有限，详细的表格就不列出来了，只把整体结果公布一下。

“了解金度润”客观题统计

评价项目	完全不是	不是	一般	是	非常是	合计
1. 人际关系好	–	–	4	25	1	30
2. 沟通能力出众	–	8	17	5	–	30
3. 自信心出众	8	10	7	3	2	30
4. 非常有道德	–	2	12	7	9	30
5. 理财能力出众	–	4	14	7	5	30
6. 非常可靠	–	8	14	6	2	30
7. 诚实、有责任心	–	–	5	15	10	30
8. 自我管理能力出众	13	9	6	2	–	30
9. 创新性出众	8	15	4	3	–	30
10. 领导能力出众	2	8	14	4	2	30
11. 热情和挑战精神出众	–	–	–	5	25	30
12. 在组织中可以保持融洽的人际关系，工作能力强	–	2	15	10	3	30

“了解金度润”优缺点叙述题统计

金度润　优点

第一：热情和挑战精神出众，不知道什么叫放弃	14人
第二：具有较强的执行能力和积极的思维方式	10人
第三：对自己的工作有很强的责任心，为人诚实	6人

金度润　缺点

第一：只要陷入一件事情，就会在那件事情上花费很多时间	17人
第二：心眼小，不善于面部表情管理	8人
第三：主观意识太强，时常无法跳出自己的思维	5人

问卷调查结果表明，我最大的优点就是“热情和挑战精神出众，不知道什么叫放弃”。这个优点让我在三年间无数的失败面前保持愈战愈勇的态度，分析问题，重新挑战，最终闯过难关。

相反，最大的缺点是“只要陷入一件事情，就会在那件事情上花费很多时间”。看到问卷调查结果之后，我为了更加有效地利用时间，制作了我整个人生、一年还有一个月的日程表，我每天都会检查当天的任务是否按计划完成，努力尝试合理地分配各种事情，在有限的时间内，努力完成计划中的事情。

为了了解自己和进一步成长而做的“了解金度润”问卷调查不仅让我知道了自己的优缺点，还让我认识了真正的自己。一旦对自己有了明确的定位，你就不会再迷恋全世界都向往的金钱、名誉、权力等成功标准，而是会坚定地通过自己的标准来看待世界。

就这样，想要了解自己的梦想，就要先分析自己是个什么样的人。只有这样才能够了解自己喜欢什么，擅长什么。梦想这个词既包含“渴望实现的希望或理想”等肯定的意思，也包含“实现的可能性非常小或几乎没有，基本属于奢望”等相反的意思。一个词之所以会有两种截然不同的解释，是因为一个人的意志决定了梦想的性质。为了把自己的梦想变成积极向上的，要做的第一件事情就是“了解自己”。为了完成第一步，就要拥有像我一样的意志，拥有这种为自己做问卷调查的意志。

好，既然已经正确地分析了自我，那么接下来就该寻找梦想了。梦想这种东西，终究不会像闪电一样瞬间出现在我们眼前，让我们看清楚。有句话说，梦想同样需要自己去寻找和创造。那么，我们应该怎样寻找梦想呢?

你还没有尝试完社会上各种各样的职业和领域，所以不知道自己喜欢什么是情理之中的。如果能马上经历一些事情，肯定会对你寻找梦想有很大的帮助。公益展、海外志愿活动等对外活动，考取资格证书、企业实习等各种各样的机会在等待着你。在亲身经历这些的过程中，你还可以通过读书寻找兴趣，进一步确认自己的梦想。有些人可能单凭几次体验就能找到自己的梦想，但这种概率非常小。所以即便失败几次，也没有必要沮丧。就算没能认识到自己真正的梦想是什么，也可以通过各种各样的经历来探寻自己的梦想在哪个方向。

那找到了梦想之后，接下来该做些什么呢？我们应该努力将其具体化，不让梦想沦为白日梦。大多数人从小都有梦想。总统、艺人、律师等成功者的形象会给儿时的你带来无数的遐想，然而大多数人是无法实现那些梦想的。知道为什么吗？因为当某种滚烫的热情涌上心头时，你没有将这种热情转化为具体的行动。热情必然会随着时间的流逝而消退。所以我们大多数人会发现这些梦想只会离我们越来越远。

在感受到热情的那一瞬间，就要想方设法地记住它。画画也好，写字也好。每当看到这些标记时，炙热的热情就会重新浮现在你的脑海里，而你的人生也会逐渐通往梦想所在的地方。我有一种方法可以记录出现热情的那一瞬间，也想在此推荐给各位，那就是制作一张标有你自己梦想的名片。

标有我梦想的名片

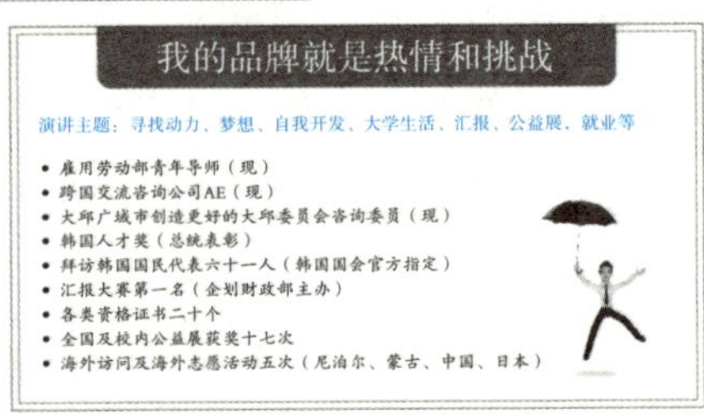

每当我递给别人这张名片时，我都会说："您好。名片的正面写着我的梦想，背面记载着我为这些梦想而付出的努力。而此时此刻我正在把这张饱含梦想和努力的名片递给您。请您务必关注我的梦想。"

十个人当中有六个人会赞同：
能做自己喜欢的事的人最幸福

三、关于“选择”
——喜欢的事情VS.擅长的事情

人们总是困惑于该选择自己喜欢的事还是擅长的事，如果再加上“不得不做的事”，问题就更加复杂了。那么我们到底该选择做什么样的事呢?

我们先看看下面的图。很多人会画出和左边的图相似的结构来表示三者的关系，主张选择既喜欢又擅长，而且不得不做的事情。

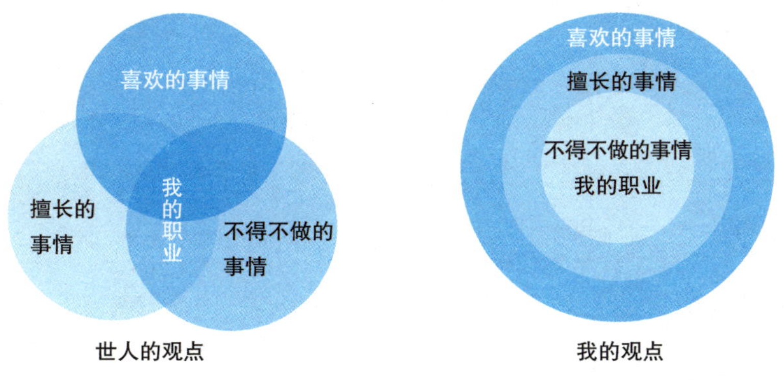

不过我的想法稍有些不同。喜欢的事情、擅长的事情和不得不做的事情之间的交集真的那么小吗？这是因为人们会通过“外在世界”的标准对这三种事情进行分类，其后果就是让选择变得更困难了。

接下来看看上页右边的图。你在选择职业的第一个阶段是要从你“自己”的角度出发区分出你喜欢的事情和不喜欢的事情。不要去想其他的标准。不喜欢的事情怎么可能坚持一辈子呢？所以先找出你喜欢的事情就可以了。

然后从那些喜欢的事情中找出你擅长的事情来。只有这样，你才能在相应的领域发挥出最大的潜能。当然更好的选择就是在你擅长的事情中找出你不得不做的事情，即有意义的事情。不管是多么喜欢和擅长的事情，最终你肯定都会遇到瓶颈。到了那时，你就需要一种让自己坚持不懈的力量，而这种力量就是“意义”。

不过能够自己选择最终职业的人只占极少数。从现实的角度来看，一个人能做自己喜欢或擅长的事情才会获得足够的幸福感。一件你并不喜欢的事情能够让你投入多少？你不擅长的事情又会让你产生多大的成就感呢？所以，优先选择的应该是“自己喜欢的事情”。把所有的选项放在这个框架里进行思考，至于那些不喜欢的事情就不用想了。因为至少对你来说，那些根本没有考虑的价值。

说不定你自己已经知道该做些什么事情了。只不过问题在于，你没办法得到那样的生活。曾经有一个就业指导中心做了一项问卷调查，结果显示，“职场人士眼中最幸福的职业”，排在第一位的是诗人和画家等艺术类职业。那么，你知道他们为什么会认为这些人是最幸福的吗？因为在他们眼中，这些人在做着他们自己喜欢的事情。不过这种生活其实并不容易。

世界领袖们说过的话也大致相同。苹果公司的创始人史蒂夫·乔布斯在2005年斯坦福大学的毕业典礼上说："假如今天是你人生的最后一天，你还会做眼下手上的事情吗？想一想这个问题，把今天当成人生的最后一天去生活。"脸书（Facebook）的创始人马克·扎克伯格2011年在Bellevue Community School[①]里说："当你在做自己真正喜欢的事情时，一切都会变得异常轻松。"所以对于你来说，需要的不是在选择喜欢的事情和擅长的事情之间徘徊，而是有做自己喜欢的事情的勇气。

可能很多人都无法鼓起这种勇气，对此，我想借安哲珠教授的一句话给各位加油：

"各位可能在担心未来什么职业更有前景，请不要这样。毕业于首尔大学的人才也好，出身常青藤的朋友也罢，都不知道未来什么职业更好。从世界最高学府的管理学专业走出来的硕士大部分都会进华尔街。不过当世界范围内的金融危机来临时，很多人都不得不离开最初的公司。有些朋友甚至还给我打来电话，问我韩国有没有适合他们的职业。所以，我们不可能预知未来什么职业会是最耀眼的。不过有一点我们可以肯定，那就是你喜欢的东西。因为无论在多么遥远的未来，它都不会改变。所以你只需选择它。"

① Bellevue Community School：美国的一所中学。

Contract
没有执行计划的目标，等于没有盖章的合同

Contract
因为这相当于你承认了你随时
都可以取消计划

四、关于“计划”
——为什么目标不一定会实现？

有位名人说过：“如果把梦想和执行时间表写在一起的话，梦想就会变成目标；如果把目标细分成几个步骤的话，目标就会变成计划；如果把计划付诸实践的话，梦想就会成为现实。”

想要达成目标，就必须保证有适当的实行计划。然而做起来可没那么轻松。那么，到底应该怎样树立目标，通过什么样的计划去实现目标呢？

在进入正题之前，我想先介绍一下我制订目标时经历过的事。

两年前，我在首尔一家公司实习，像往常一样，一天我加完班，在回家的路上走进了一家书店。当时有一本书非常醒目。那是“金铃少女”金秀英写的《每天都是最后一天：拒绝遗憾的73个人生计划》。一个和我年龄相仿的作家把自己的梦想一一地记录了下来，看到这些我心中不禁一颤。本能让我也效仿着做一做。

然而当时的现实情况并不允许我这么做。

我在朋友家借住了两个多月，当时那个朋友正好在准备考试，所以我没法用电脑。那时已经是凌晨两点了，我要想第二天按时上班就必须六点半起床，所以按常理那天只能先睡觉，第二天早点儿下班再去做。

不过那天我没有立刻回家，而是找到了一家能做PPT的网吧。我做了几个小时，走出网吧时已经早晨六点了，然后我急忙跑回家里冲了个澡。一想到突然有了三十件要做的事，我就觉得异常兴奋，完全没有疲倦感了。

回头想想，当时的我真是幼稚啊。那天由于休息不够，影响了我第二天的工作，其实下班之后再弄也不会有问题。

然而我一再问自己，如果当时我没去做，拖延了这件事，第二天我还会去做我的那个梦想清单吗？最开始的热情会一直保温吗？我觉得不会。理性做事往往是正确的，然而生活中有很多种情况是需要本能和感性去完成的。也许我们之所以没有梦想，就是因为选择时过分理智了。

我想公布一下那天我做的梦想清单。我参考金秀英的清单，具体记下了三十件我最想完成的事情，而且尽量把这些事情整合在了一张纸上。

“我一生想要实现的三十个梦想”

序号	分类	目标	目标期限	重要度	完成与否	完成年份
1	Travel（旅行）	（世界旅行）圣托里尼岛、委内瑞拉	2016年（35岁）	4		
2		（世界水族馆1）美国蒙特里湾（世界水族馆2）日本冲绳美丽海水族馆	2021年（40岁）	4		
3		（极地探险）北极探险	2026年（45岁）	5		
4		（极地探险）亚马孙/非洲探险	2031年（50岁）	5		
5	Family（家庭）	（全家福）充满笑容的，与父母、兄弟旅行，照顾父母健康	一辈子	5		
6	Wife（妻子）	（旅行）一年一次，和妻子	一辈子	5		
7		(瑜伽、冥想)一起	一辈子	5		
8		（世界旅行）巡游，背包旅行	2041年（60岁）	3		

续表

序号	分类	目标	目标期限	重要度	完成与否	完成年份
9	Honor（荣誉）	（韩国人才奖）总统表彰	2010年（29岁）	5	完成	
10		（出版）青春散文	2014年（33岁）	5	完成	2010
11		（1000次演讲）能够带来感动的	2021年（40岁）	5	进行中	
12		（韩国No.1. 动力）梦想、希望、分享	2026年（45岁）	5	进行中	
13		（出演 People Inside/治愈大本营）为了有个像样的青春	2026年（45岁）	5		
14	Development（自我发展）	（听1000场演讲）分析自己的优缺点	2014年（33岁）	5	进行中	
15		（取得50个证书）自我开发	2017年（36岁）	5	进行中	
16		（英语会话）外语水平，语言研修	2018年（37岁）	5	进行中	
17		（大学院）心理、教育、经营硕士	2019年（38岁）	5		
18		（“追梦人365”）和领袖人物见面	2021年（40岁）	5	进行中	
19		（读1000本书）每年100本	2021年（40岁）	5	进行中	

续表

序号	分类	目标	目标期限	重要度	完成与否	完成年份
20	Volunteer（志愿活动）	（海外志愿服务）尼泊尔、中国、蒙古	2010年（29岁）	5	完成	2010
21		（捐赠）给贫困的孩子们带去梦想	2036年（55岁）	4	进行中	
22	People（对他人）	成为一个能给他人带来灵感、分享热情的人	一辈子	5	进行中	
23	KMU（启明大学）	启明复仇者(网名)定期聚会，即演讲	2021年（40岁）	5	进行中	
24	Wealth（财富）	拥有我自己的家、车	2014年（33岁）	5	进行中	
25		获得财政自由，2500万以上（汽车）BMW（别墅）海景房	2036年（55岁）	3		
26	Health（健康）	练腹肌，早起，合理饮食	2012年（31岁）	5	进行中	
27	Sports（运动）	（马拉松）完成全程	2014年（33岁）	5	进行中	
28		（潜水）体验大海	2016（35岁）	4		
29		（运动）拳击、健身、合气道	2016年（35岁）	3	进行中	
30	Enjoy（爱好）	（文化）其他，跳舞	2021年（40岁）	3		

让我们仔细想想。我们从小就定下了无数计划，但是我们真正完成的又有多少呢？我也在不断地问为什么我有那么多的目标都没有实现。最终我得出的结论就是下页的计划表。

假设从2012年第四季度开始，把一年分为四个部分的话，每个部分正好一个季度，即三个月。三个月总共有92天，即2,208个小时。人们在制订目标时往往会把重点放在这些时间上。

不过对于我们来讲，眼前的时间只有2,208个小时吗？当然不是。我们之所以会那么强烈地渴望完成计划，却始终无法实现的关键就在这里。事实上，除了上班或上学的时间之外，睡觉的时间、吃饭的时间、运动的时间、个人管理等所花费的时间都属于“必要的时间”，除了这些之外，剩下的就大概只有460个小时了，当然这是因人而异的。如此说来，2,208小时中我们能够使用的时间只有460个小时。换句话说，长达三个月，即92天的时间实际上能利用的只有19天。

尽管如此，我们还是会制订为期92天的目标，再根据这些目标制订计划。但是能够投入到目标的时间有问题，又怎么可能保障目标顺利完成呢？

所以在制订详细的计划之前，要先了解到底可以投入多少时间，再把这些时间分配给每一个目标。然后写下你通过这些时间要完成每一个目标的具体计划，结果就能得到一年中每个季度的计划蓝图。我习惯把两个季度的时间表写在左右两页，这样一来，整整半年的计划安排就一目了然了。

我的计划表/为了我的梦想（2012年，第四季度）

日期	第一重要	第二重要	第三重要	时间	日期	第一重要	第二重要	第三重要	时间
10月1日（周一）					10月24日（周三）				
10月2日（周二）					10月25日（周四）				
10月3日（周三）					10月26日（周五）				
10月4日（周四）					10月27日（周六）				
10月5日（周五）					10月28日（周日）				
10月6日（周六）					10月29日（周一）				
10月7日（周日）					10月30日（周二）				
10月8日（周一）					10月31日（周三）				
10月9日（周二）					11月1日（周四）				
10月10日（周三）					11月2日（周五）				
10月11日（周四）					11月3日（周六）				
10月12日（周五）					11月4日（周日）				
10月13日（周六）					11月5日（周一）				
10月14日（周日）					11月6日（周二）				
10月15日（周一）					11月7日（周三）				
10月16日（周二）					11月8日（周四）				
10月17日（周三）					11月9日（周五）				
10月18日（周四）					11月10日（周六）				
10月19日（周五）					11月11日（周日）				
10月20日（周六）					11月12日（周一）				
10月21日（周日）					11月13日（周二）				
10月22日（周一）					11月14日（周三）				
10月23日（周二）					11月15日（周四）				

续表

日期	第一重要	第二重要	第三重要	时间	日期	第一重要	第二重要	第三重要	时间
11月16日（周五）					12月9日（周日）				
11月17日（周六）					12月10日（周一）				
11月18日（周日）					12月11日（周二）				
11月19日（周一）					12月12日（周三）				
11月20日（周二）					12月13日（周四）				
11月21日（周三）					12月14日（周五）				
11月22日（周四）					12月15日（周六）				
11月23日（周五）					12月16日（周日）				
11月24日（周六）					12月17日（周一）				
11月25日（周日）					12月18日（周二）				
11月26日（周一）					12月19日（周三）				
11月27日（周二）					12月20日（周四）				
11月28日（周三）					12月21日（周五）				
11月29日（周四）					12月22日（周六）				
11月30日（周五）					12月23日（周日）				
12月1日（周六）					12月24日（周一）				
12月2日（周日）					12月25日（周二）				
12月3日（周一）					12月26日（周三）				
12月4日（周二）					12月27日（周四）				
12月5日（周三）					12月28日（周五）				
12月6日（周四）					12月29日（周六）				
12月7日（周五）					12月30日（周日）				
12月8日（周六）					12月31日（周一）				

2012年第四季度时间

总日期	92天	
总时间	2,208小时	
公司	920小时	一天10小时×92
睡眠	460小时	一天5小时×92
吃饭，零食	184小时	一天2小时×92
运动	92小时	一天1小时×92
个人管理	92小时	一天1小时×92
可用时间	460小时	
演讲	150小时	
资格证书	100小时	
读书	100小时	
导师	50小时	
闲暇	60小时	
目标		
演讲	演讲30次，演讲（视频）100篇	
资格证书	职业咨询师二级，秘书一级，助理资格证书	
读书	营销书籍20本，人文书籍20本，自我开发类书籍20本	
导师	见60名导师	

亲自勾勒未来再付诸实践，与毫无想法、埋头苦干之间的差距到底有多大？大家自己试一试就知道了。

当然，就算我们做好了计划，也不一定百分之百都能达成。但至少可以保证最终能够看到“体系化”地完成“更多事情”的自己。最重要的是，这种瞄准未来的目光和具体化了的计划会使你通往梦想的挑战精神更加强大。

如果你之前的想法没有这么细化，开始的时候就很难制订计划，而且你会发现自己的时间其实很有限，而在有限的时间内确定各种事情之间的优先次序也是一件让人头痛的事。而且我的计划表中也没有包含上下班的时间，这是为了尽可能地减少时间浪费，增加可利用的时间。你制订计划表的时候也要考虑这些因素。

痛苦是必然的。把一天七个小时的睡眠时间缩减为五个小时，就肯定会有两个小时左右的痛苦如影随形，而放弃每周都看的《极限挑战》《2日1夜》也会减少你和朋友聊天的话题。对我来说，放弃那么多喜欢的事情也不是一件容易的事情。再加上我这个人比别人更容易累，恢复起来也比较慢，只要稍微用功劳累过度一点儿就会流鼻血。我没有仔细数过，但我有一个月至少流过四次鼻血，我也因为疲劳而常常有黑眼圈。

不过没有什么是不牺牲就能轻易得到的。如果你觉得自己的梦想、目标很重要的话，就应该做出一定的牺牲。数学中有“-”“+”还有“=”，一边有加号，那另一边肯定就有减号，选择是个人的事情，不过这些选择给你带来的可能是完全不一样的未来。

都说时间是上帝给的，但终究还是人自己计划出来的。没有执行计划的目标，等于没有盖章的合同。

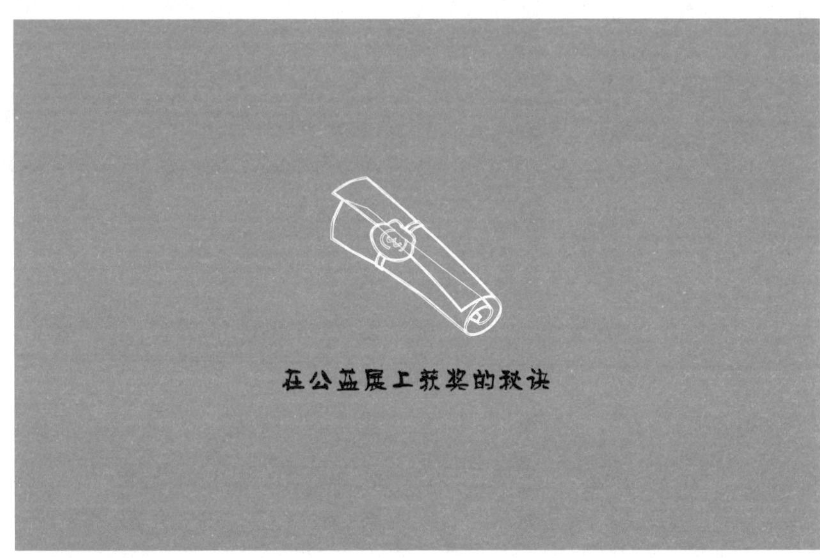
在公益展上获奖的秘诀

要么用蛮力认真去做
要么找方法去认真地做

五、关于“能力”
——挑战公益展17战17胜的秘诀

进入正题之前，我想先说说公益展的故事。我平生第一次参加的公益展是健康福利部大学生的禁烟宣传公益展。因为是第一次，所以对我来说一切都非常陌生。不过我非常清楚自己比别人差很多，这一点可能也成了我的一个优点，所以我的策略就是不用脑筋而“用蛮力闯一闯”。

这次公益展的最终目的就是宣传禁烟，所以我把我的目标设定为“最大限度地接触，最大限度地宣传”。当其他人还坐在书桌前埋头苦想好点子时，我已经在三个月的时间里见过了副校长、学生处处长、学生辅导组组长、奖学福利组组长、管理学长、秘书室主任、学生会会长、总社团联合团长，还有卫生所所长等几乎所有我能见到的人。这三个月我的奔忙成果如下：

- 副校长：积极筹备引入禁烟奖学金。
- 学生处处长：确定了禁烟奖金（禁烟完成证书，价值三百元的代金券，禁烟纪念品）
- 奖学福利组组长：积极检查小卖部，禁止卖烟
- 管理学长：积极检查禁烟区/吸烟区
- 禁烟承诺书一千三百张，禁烟认识度调查问卷五百张，禁烟咨询电话参与注册证九十四份
- 禁烟横幅三个，UCC[①]制作四部，全国校园禁烟现状调查
- 宣传演讲三次：第一女子信息高级中学两次，启明大学一次（两百人，邀请呼吸内科教授）
- 禁烟游行：学校/地区宣传，吸烟地区净化，校内电光板广告，车辆宣传等
- 卫生所支持：按摩器五百个，木糖醇五百盒，咨询老师三人，一氧化碳检测器两台
- 健康福利部支援：禁烟标杆，横幅，禁烟公仔，禁烟贴，禁烟传单
- 禁烟宣传大邱联合代表：禁烟快闪族，禁烟游行（《大邱日报》登载）
- 全国禁烟游行代表：SBS《8点新闻》放映

---

① UCC：是user created contents的简称，是韩国一种视频网站。在韩国，各种UCC网站很流行，用户可以上传自己制作的UCC，好比中国的土豆网。

我通过这些活动获得了直接的物质援助，制作了UCC，得到了承诺书，见到了各式各样的人。在参加禁烟活动的过程中，我自然而然提升了沟通能力和解决问题的能力。另外，虽然是地方报纸，但我第一次登上了媒体。最终我们团队在进入决赛的一百六十五个团队中拿下了第一名（健康福利部部长奖），还得到了去日本进行禁烟文化交流的机会。

我在随后参加的公益展中共获得了十七次奖。虽然我大学时期参加的公益展并没有全部获奖，但在我付出努力并自认为有希望的公益展上却百分之百地获了奖。

我之所以会参加如此多的公益展，简单来讲，就是因为喜欢；具体来讲，则是因为那是我寻找梦想的过程。

书本能够给你带来他人体验到的知识、经验，但公益展可以让你亲身感受到自己喜欢的事情是什么。另外经历过落选和获奖，我体验到了努力和回报之间的关系，并获得了组织团队的能力。

最开始挑战公益展时，我只会凭着满腔热血和蛮力，但后来一次次获奖之后，我逐渐找到了属于自己的秘诀。如果有人问我公益展获奖有什么秘诀，我会这么回答：使蛮力和用方法你必须做到一个。不过你不可能对自己强求蛮力吧？所以说，我想给那些准备公益展或是参加诸如此类比赛的人提出几个建议。

第一，保证多信息渠道。

大学时期，我每天要浏览的网站有五十多个。通过多渠道，我查找了可以参加的公益展。在大街上走的时候我也会看看报纸上有没有和大学生相关的公益展。最基本的就是查找与公益展相关的信息。这样下来，肯定能够碰到非常有意义的公益展。

第二，在自己想参加的公益展中挑选出获奖概率最高的公益展。

第一次挑战公益展时，很多人都会随便选一个。重要的是你要了解你适合什么、擅长什么。

假如有一百个公益展，我就会从中挑选出十个想参加的，再专注于其中我获奖概率最高的两三个。获奖经历并不只是能够给你的简历多加上一行内容。如果看不到实实在在的成果，人们自然而然就会放弃。所以如果你把参加公益展本身就看成是一件很有意义的事，那就更好了。因为这样，你即使遇到了困难，也可以保持热情和挑战的姿态。就拿我来说，比起一般企业主办的公益展，我更倾向于公益性质比较强的国税厅现金发票卡、禁烟、绿色成长等公益展。因为对我来说，这些活动本身就具有很大的意义。

第三，要记住公益展的“公”是公共的公。

我认为，公益展不是私人活动，而是和很多人都关系密切的公共活动。很多学生会在周围朋友的推荐下开始参加公益展。这其实很有问题。和朋友之间的关系是私人的，但公益展却是公共的事情，所以在考虑不周的情况下把朋友拉进来的话，没准儿会既坏事，又影响朋友之间的感情。在和朋友共事的时候，很容易超出最后期限，也经常会出现责任分工不明确的情况。当出现问题时，很多人也容易怕影响朋友之间的感情而敷衍了事。这样怎么能获奖呢？所以说，参加公益展就一定要组织一个公共的团队。只有这样，才有可能获奖或学到宝贵的经验。

第四，寻找可拼成全景的拼图式队友。

可以毫不夸张地说，获奖与否其实在很大程度上与团队的组成有关系。因为是一张张拼图最终组成了一幅全景图，所以寻找那些拥有你自己不具备的能力的人是非常重要的。如果所有队员都和你一样擅长同一件事，那么就没有必要待在一个团队里了。团队是因其能做好个人无法完成的事情而存在的。从这一点来看，起步时拥有什么样的队员是相当重要的。不过想要一下就找到好队友并不现实，所以首先要通过各种对外活动认识不同类型的人。

第五，一定要把“获奖”当作目标。

队员们既然付出了不少努力和时间，倘若我个人怀着重在参与的心态参加的话，那整个团队最后可能只能得到一些经验而已。如果你所在的团队协作能力差，最终没能获奖，那你就应该问问自己了。“我到底为什么要参加这个公益展？”如果团队协作好，却没能获奖，那下次就不要费那么大的力气去参加公益展了，还不如和朋友们喝酒享乐。和朋友们喝酒聊天的时候团队协作不是最好的吗？在这种情况下，你就没有任何参加公益展的理由了。

只有结果（获奖）才能评价过程（团队协作）。当然，获奖并不是全部，但请各位想想最开始参加的动机是什么。恐怕第一个目标就是获奖吧。希望各位在没能完成目标时不要再自欺欺人说自己从中学到了如何宝贵的经验。

我想再强调一次，公益展不是用来增进感情的。

第六，要有获奖的欲望。

这一点不断被人们提及，其重要性不言而喻。热情和责任是基础，但更重要的是无论参加什么样的公益展，都要有拿第一的斗志。“重在参与”的态度可不会给你带来任何奖项，这样的团队已经有好几百个了。如果只是一个人努力，无论你多么努力都无法改变团队，那么获奖就会很困难，但是当所有队员都对获奖有着热切的期望时，你们不仅会获奖，还可以让团队的凝聚力越发强大。因为你们已经是一条心了。

关于公益展，有很多人问过我这样一个问题：学历对参加公益展到底有没有影响？我在前面已经提过，公益展上偶尔会出现看学历的情况。有一次我想参加政府主办的公益展，但海报上却写了这么一段话：

“同地区的多所大学同时递交申请书时，若分数相仿，优先考虑知名度更高的学校的学生。”

我看到这句话就给主办方打了个电话，表达自己的不解：

“我实在无法理解，一个干净和公正的机构为什么会在海报上写这种话，区别对待参加的学生的学校。当然，名牌大学的学生得到高分的情况是很多，但在这种公益展上学校的名气到底有多大意义呢？难道不是凭学生们做出来的东西做评价的吗？”

结果第二天海报上“优先考虑知名度更高的学校的学生”这句话就被删掉了，而在那次大赛中我拿到了全国第一名。

你很可能会在以后遇到或者已经遇到了很多不公的待遇。每当这种时候，请不要奢望会有英雄人物站出来帮你。你自己不站出来，没有人会帮你。

小浪遇到大浪就会被淹没

你的自负遇到更强的人也会消失

六、关于“态度”
——想要战胜心理阴影，就要找到最棒的

我周围很多人都有着各种心理阴影。其实在韩国除了一两所高校的毕业生之外，有多少人不在意自己的学历出身呢？

我在大学时凭着丰富的经验和履历走到了现在，我也自认为已经克服了学历的束缚，但自从来到首尔在外企上班后，有那么一两次经历让我心灰意冷。基本上，在首尔找不到比我所在的大学更差的大学了，在公司里也一样。我们公司毕业于三流大学的人很少，大多数人都是名牌大学毕业，而且几乎都有硕士或MBA学位，其他大型企业和外企的员工学历结构也差不多。

现实就是如此，所以毕业生受到学历带来的压力也就成了必然，我突然想起了好友以前对我说过的一句话。有一天公司前辈问朋友：

“你有尊敬的人吗？”

“有，我非常尊敬皮千得先生。”

前辈又问：“那么，你见过他吗？哪怕一次。”

“没有，一次都没见过。”

前辈接下来说的一句话让他瞬间无言以对：

“既然一次都没见过，也没有为了见到他而付出努力，那你凭什么说你尊敬他呢？”

想起这段对话，我脑海中突然浮现出了一个想法：“好，就让我也会一会最高学历。”我要亲身感受一下那些人到底和我有什么不同。

就这样，我找了几名哈佛大学的毕业生，在那之后，我身上残留的对学历的烦恼就彻底消失了。他们和我一样，有两只胳膊、两条腿，他们也会因自己的缺点感到烦恼。在这些人当中，还不乏对我的心态和价值观表示欣赏和喝彩的人。

在与哈佛大学那些最高学历出身的人交流时，我所体会到的最重要的一点就是，无论是首尔大学还是韩国科技大学，都只是存在于韩国这一片区域内的地方大学。当然，社会的视角和评价肯定会不同，但我们没必要屈服于那种视角。如果我们能够活出真真正正的人生，那么无论我们来自什么样的大学，无论其他人出身何种高校，我们都可以把自己的学校看成地区最牛大学，这种“地区大学心态”说得通吧？

我想说的是，我们根本没必要降低自己的自尊。如果我们自己都不尊重自己，那还怎么去要求这个世界尊重我们呢？

与哈佛毕业生交流成了我决心去求教各种行业领袖的契机。在和那些社会领军人物交流的过程中，我可以听到各种成功秘诀，还能接触到各个领域的知识，更重要的是，能够满足我对其他人的好奇心。我完全不担心对方会拒绝与我见面。反正这些都不是我能决定的，对于我来说，最重要的就是渴望见到那些人的意愿本身。

随后在“追梦人365”项目的帮助下，我见到了《千万别学英语》的作者郑赞容博士、《一天花15分钟进行整理》的作者尹珊贤代表、《我想成为希望的证明》的作者徐振奎所长等畅销书作家，还见到了主导演讲文化的Micipnpact韩东宪代表和*Art Speech*①金美京院长、Kakaotalk②朴永厚宣传理事、第一企划金周浩，新国家代表李俊硕先生等各个领域的领军人物。

“你是怎么见到这些人的？”

此时此刻你的脑海中肯定有这样的疑问。我见的这些人都非常忙，对于我这种没有人际关系的人来说，想见到他们的确非常困难。接下来我就介绍一下我成功见到这些人的小心得。

第一，整理出你渴望见到的名人的名单。通过互联网或其他方式获取他们的电子邮件地址。当然，可能你花一整天时间搜百度和谷歌都不会有结果。这时你可以使用SNS③。近年来有很多名人都在

① *Art Speech*：一本杂志。

② Kakaotalk：韩国的一款免费聊天软件。

③ SNS：全称Social Networking Services，即社会性网络服务，旨在帮助人们建立社会性网络的互联网应用服务。

使用SNS，所以可以通过微博等途径获取他们的邮箱。

第二，给他们写一封让他们不会拒绝见你的邮件。我的邮件中包含了我的梦想，为了这些梦想我做出的努力（经历），我独特的故事、照片，还有渴望见到他们的理由。我之所以要写下梦想、付出的努力和自己的故事，是为了让他们看到我在生活中是多么认真，有足够的资格见他们。

比如给李俊硕先生的邮件可以这样写：

李俊硕先生：

我想成为一个能给别人带来梦想和希望的人。

“我的梦想是成为韩国动力No.1。”

我进入人生正常轨道的时间很晚。高中的时候我的成绩几乎是垫底的那种，所以毕业的时候只能选择大专和三流大学，我三十岁才毕业。不过我有梦想和热情，所以能够战胜无数逆境。

我遭遇过很多很多次失败，但那些都成了我通往梦想的基石。为了今后实现更大的梦想、迎接更大的挑战，我想和李俊硕先生聊一聊。之前听了李俊硕先生说过的话，我对教育和无偿奉献有了新的认识。我希望李俊硕先生能够给我一个分享梦想和热情的机会。我会努力将这种心得分享给更多的人。

我的梦想是把韩国打造成充满梦想和热情的国度。

姓名：金度润（31岁，首尔）

联系方式：010-9595-6045

电子邮件：smilekdy@naver.com

（现）雇用劳动部青年导师

（现）跨国交流咨询公司AE

（现）大邱广域市创造更好的大邱委员会咨询委员

韩国人才奖（总统表彰）

拜访韩国国民代表六十一人（韩国国会官方指定）

汇报大赛第一名（企划财政部主办）

公益展获奖十七次/资格证书二十个

深夜和凌晨都可以，不管什么时间我很想见您一面。

或许你为了见一个名人，要读两三遍他的著作，也可能需要找相关的电视或新闻报道。你对他的了解越深，就越能写下富有真情实感、打动人心的文字。另外，我们知道名人，但名人不知道我们，所以最好附上你的照片。

我把所有的内容都放在一个页面上。为什么非要放在一个页面上呢？因为他们真的很忙，没有那么多的时间一一回复所有的邮件。所以要让他们第一眼就对你产生好奇心，让他们产生“我一定要见见这个人”的想法，而且要写得非常真诚热切。要铭记，质量远比篇幅重要。

第三，既然都写了，就不要犹豫该不该发送。在发送之前你肯定会纠结“对方会不会见我”“我是不是做了一些无谓的事情”。最痛苦的就是连回信都没有。对方非常忙，这也没有办法，你毕竟在邮件上花了不少的时间和精力，所以不可避免地会产生较大的失落感。但只要你是用心去写的，对方就肯定能感受到你的真诚。我也不是一开始就能见到他们的，但现在见到他们的成功率能够达到百分之八十。

第四，如果能获得见面的机会，就要为那一个小时付出全力。当然，你肯定为了见他们看过不少书，读了不少报道。但想要当面和他们交谈，就要付出新一轮的努力。读读有关他们的文章，想一想要跟他们谈论什么内容，并把这些内容整理成一个清单，只有这样才能让你苦苦求得的一个小时变得更有意义。

而且这些名人每小时的演讲费从两千五到五万不等。人家都能为你一个人腾出时间，而且是免费的，你是不是也应该上点儿心呢？

为了不白白浪费时间，我会约在他们所在的单位或家附近，随身带着问题清单和名片。当然，我每次都不会忘记带录音笔。这都是为了记录对方对我说的每一句话。不过有少数人会禁止你录音，所以要事先征得对方的同意。

最后，在面谈结束之后，要像写日记一样按照自己的思路进行整理。你可能全神贯注地进行了交谈，但毕竟对方是名人，你很可能会因为紧张等原因错过了对方说的核心内容。

所以每当一次面谈结束之后，我都会在家花上三到五个小时把原文记录下来。日后再读一遍就能确认对方想要传达给我的核心信息了。每次确认我都会大吃一惊，原来我错过了那么多内容，有时我都会怀疑自己到底在没在场。有时候因为过于集中，反而错过了一些重点。以原文为基础，通过SNS和他人分享核心信息，这样既可以整理内容，又可以让更多的人受益，可谓一举两得。

此时此刻，一想到那些在百忙之中答应见我一面、分享其智慧的贵人，我就有不尽的感激之情。他们说过的话，有一些我想拿来与各位分享。

- 哈佛肯尼迪学院毕业生金润："一定要发现只有你才能够给世界带来的价值。只要找到它，其他事情就迎刃而解了。"
- 福莱国际传播咨询韩国部郑振浩组长："我从小就对自己说'如果做比不做更好，那我肯定会做'。想一想'做了这些有没有意义呢'，只要有一点儿意义我就会做。人们经常会在两个选择面前徘徊，方法就是不要考虑太多，只要想想'除了这个就没有别的'，然后勇敢地把精力投入其中一方，你自然就能得到答案。"
- Kakaotalk朴永厚宣传理事："没有更新就没有升级。没有什么是'嘭'的一下突然出现的。令人伤感的不是失败，而是没能把失败转化为个人财富。这些人无法从失败中获得什么，所以才会一直失败下去。能够把失败转化为财富的人绝对不会重蹈覆辙。"
- 梦想希望未来财团金润宗理事长："创业不是'要做'，而是在做自己真正喜欢的事情的过程中产生更加深入的认识，从寻找自己的特点的过程中找到创业的机会。单单依靠模式的转换是无法让你获得竞争力的。不管走到哪里，要凭着好奇心多看看周围，多想想自己的特点是什么，这个过程终究会给你带来独特的想法。寻找自己的特点并不是从模式中找到的，而是从你自己所做的事情中找到的。”

- 《千万别学英语》作者郑赞容博士：“在未来五年，你只要学会专注，成功肯定就会降临在你头上。因为能活出真正的自我的人少之又少。”

为了自己的成长，主动寻找学习机会，总有一天你会有所收获。不过只凭满腔热血去学习是不够的。在通过寻求别人的智慧帮助自己时，你需要注意两点：

首先，想要见面的人不是对方，而是你自己。所以所有的事情都要以对方为中心来考虑。我有过这么一次经历。我非常好奇富二代的生活是什么样子的。于是我就给两个不满二十岁的富二代发送了邀请邮件，好长一段时间都没能得到答复。突然有一天，电话铃响了，对方说可以在几个小时之后见一面。我说我刚好约了别人，能不能下次再找机会，结果那一次通话成了我们的最后一次通话。

其次，人这一辈子难免会需要听取他人的建议，但有时候更需要自己思考做出决定。如果光是征询别人的意见，你很可能就会按照别人说的去做。你的人生和别人的人生完全不同，怎么可能百分之百地套用他们的方法呢？有些人会无条件地同意导师的话。你要倾听各种导师给你的意见，但最终你还是要自己去选择，并且你要自己学会如何去做，这是一种智慧。

如果你也想听到对你的人生有指导意义的宝贵意见，那就马上行动吧。想象一下自己开始行动的景象，想象一下收到的第一封回信带给你的惊喜，想象一下第一位可以见到的名人、第一次见面的地点，想象一下要提出的问题和不断思索着的自己。

What to Say
这个世界评价你的标准

What to Do
不是你说了什么，而是你做出了什么

七、关于“话语”
——说一千句不如行动一次

不要轻易说正直。

不要轻易说热情。

不要轻易说等我成功了，就会做贡献。

这些话谁都可以很轻松地说一说，但不是每个人都做得到的。当你行动起来后，你就会意识到你之前其实并不了解自己。

仔细想想，没有谁是没有热情的人，没有谁是不积极的人，所有的人都过着遵守道德和正直的人生，而且都会说一定要过一种充满奉献精神的人生。

然而，前面都加了一个“成功之后”。

一个哈佛的朋友对我说过这么一段话：

“在哈佛，你可以见到那些改变了历史的人，这些人在外面，人们对他们可能会连连惊叹。但在哈佛里面，他们跟其他人一样。如果说有什么不同，那就是他们是行胜于言的人。这些人很清楚自己想要做什么，而且会毫不犹豫地投入其中。不管死活，挑战之后再说。哈佛有很多这样的人。”

我们对哈佛充满憧憬，但其实他们和我们最大的差别并不是IQ或环境，而是他们将思考转化为行动，将说转化为行动的能力。

我们平时说得太多了，就算没有付诸行动，没有产生任何结果，也会自以为这样所有的事情就好像都在按照自己所说的状况发展了。但事实是，没有行动的思考、没有行动的言语都等于零。我们之所以会尊敬一些人，倾听这些人的话，是因为他们属于会行动的人。就算你跟别人说同样的话，但你连什么结果都没有，人们怎么可能认可你？留下的只会是嘲笑。因为他们没有见到你的任何行动。

我们都很清楚，要让想法和言语转化成行动，需要很大的勇气和努力。

两百年前，只要有谁提到为解放而努力，就会被大家嘲讽，但马丁·路德·金却说：“我梦想有一天，我的四个小女儿将生活在一个不是以皮肤的颜色，而是以品格的优劣作为评判标准的国家里。”

这句话流传现在，至今还会让我们感动。但假如马丁·路德·金当时只是说说，并没有付诸实践，那么这句话会不会传到现在就是问题了。

好，我们再来回顾一下自己。“明年我一定要减肥”“从明天开始我要认真学习”“等我成功了一定要回报社会”，对于这些我们到底实践了多少？你对自己说过的话不负责，也会失去周围人的信任，人们也会渐渐不搭理你说的话。因为他们都知道你只是说说而已。更严重的是，连你自己都不把自己说的话当回事，你说的话自然就会越来越没有分量。

我在挑战什么事情之前都会有意识地跟自己说：“这次公益展我一定要拿第一名”“毕业之前一定要给学生们捐赠一些东西”“三十五岁之前一定要写书”，等等。

老实说，一开始周围的人都会说我定下的目标是不是太大了，我是不是太爱说大话了。不过现在他们却在倾听我说话。因为我的行动总能紧随我的话。除非迫不得已，我都会为了兑现自己说过的话而废寝忘食，一定要给自己一个交代。

我在开始挑战之前把目标说出来，也是为了让我对自己说过的话负责。因为这是我对别人说的话，因为这是我对这个世界许下的承诺，所以要时刻提醒自己必须要兑现。这样我就能自觉地付出相应的努力，也会扛下责任。之后慢慢地我认识的人都不再拿我说过的话不当一回事了。因为在他们眼里，我说的每一句话都是我未来行动的指向。

让我们想一想，你说的话对周围的人来说仅仅只是一句话，还是能够带来行动的前奏？

所谓的机会，
仅仅是那些没有准备好的人眼巴巴的期盼

所谓的机会，
仅仅是那些没有准备好的人眼巴巴的期盼，
而做好准备的人会用每一天为自己积累一个机会

八、关于“机会”
——你习以为常的其实是你人生不可错失的机会

日本的插画家中村满曾经说过这样一句话：

“人生是乘法。就算遇到了机会，如果你自己是零，那结果也还是零。”

生活中我们常常会遇到一些好机会，甚至有人说过，一个人一辈子至少能遇到三次改变命运的机会。我也同样遇到过几次机会，你肯定也不例外。但是大家只有在回首往事时才会意识到，原来当时只道是平常的那些事对自己而言是人生中多么宝贵的机会。很多时候因为你自己目光短浅，智慧不够，即使有机会降临到眼前，你也会习以为常，辨认不出来。有一家公司的人事负责人曾积极邀请我加入他们的总公司，当时我觉得自己的条件还不够资格进他们公司，这样一来我白白错过了一次好机会。也就是说，那次机会在那时的我看来就是一件稀松平常的琐事，我拒绝的理由仅仅是自己没有准备好……

那么，怎样才能抓住机会呢?

第一，最重要的是要有发现机会的眼光。最好的方法之一就是多读书。我在第一章中也提到过，韩国人的读书量非常少，平均一个月连一本书都没有。大学生要打工，又要学习，所以经常会说没有时间看书。

不过我们看看这些数据。根据某公司的调查发现，大学生每天的平均阅读时间为男生42.0分钟，女生51.5分钟，而每天用在互联网上的时间为男生127分钟，女生129.6分钟。也就是说，花在阅读上的时间只是花在上网上的时间的1/3。所以我们不能再找借口说自己没时间看书。对于忙碌的现代人来说，不是没有时间，而是应该创造出时间来。

一旦开始阅读，我建议各位多看看平时没有接触过的领域的书籍。去书店我们常看到人们聚集在畅销书周围。大家都知道最近流行的书是哪些，但对其他书却没有一点儿认识。更大的问题是，有深度的书正在离我们远去。如果你到书店只会在特定的书架前徘徊，那我建议你多到陌生的区域去看看。没准儿你会在那里发现一个全新的世界。对于某些人来说可能仅仅是科学、人文、历史等，但对于你而言，说不定就是机会。

第二，你要有足够的耐心去等待机会。年轻人做事有激情固然很好，但如果激情过度也会伤害到自己。我们的叛逆和极具爆发性的能量往往让我们只懂得走直线，我们冲向目标的速度无人能及，但同时这种横冲直撞的速度也更容易伤到我们自己和周围的人。

我觉得耐心等待比保持热情需要更强大的意志。虽然在等待的过程中，热情会逐渐消退，但等待能让我们时时刻刻准备好抓住实现梦想的机会。另外，等待磨炼人的耐心，让人的毅力长久。

等待还能够帮助我们在急转弯或迂回的道路中学会应变、迎难而上。想要抓住不知何时会降临的机会，就需要有足够的等待，而不是充满焦躁感的热情。

第三，要有能够抓住机会的行动力。YouTube[①]的创始人陈士骏对害怕挑战的韩国青年们说过这样的话：

“不要想得太复杂，也不要过分衡量。听从内心的声音。就算错了又能怎样？大不了重新来过！我们要的就是这种姿态。”

你肯定也遇到过很多次机会。你至少要去试一试才知道那到底对你而言是不是个大机会。

上幼儿园的时候，大人们经常会问我们长大了想干什么，大部分人的回答是当总统、宇宙飞行员等，我当时好像说的是想当将军。当我们上了初中以后，有人就会说想当影视明星、球星，我好像说的是想当医生。如今我们二十多岁了，所以需要更确切一点儿

---

① YouTube：一个互联网视频共享网站，是目前世界上最大的视频分享网站。

的回答了。

不过从某种意义上来讲，现在的我们可不是做出艰难决定的时候，而是需要经历各种失误的年龄。多见见人、多旅行、多看看书、多谈谈恋爱……这很重要。世界上有很多经验是无法通过书本获得的。在经历尽可能多的事情的过程中，你总有一天会领悟到自己应该做些什么。

不要忘记，机会创造另一个机会的良性循环的前提是你拥有能让你经历失败的行动力。有些事情，对于一些人来说是机会，而对于另一些人来说稀松平常，你现在就站在中间。做什么样的准备，就会有什么样的结果。

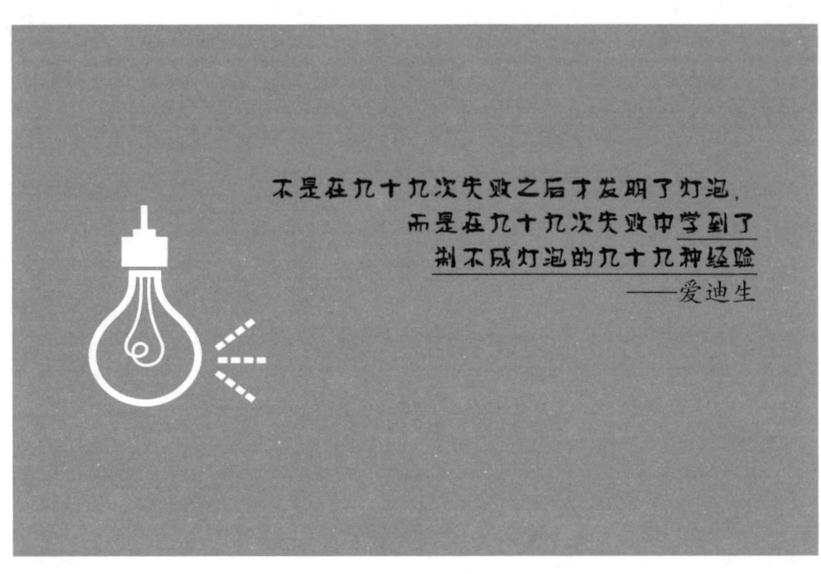
不是在九十九次失败之后才发明了灯泡，
而是在九十九次失败中学到了
制不成灯泡的九十九种经验
——爱迪生

有些人可能会将行动的结果看成人生的成功或
失败，但对于你来说，一切都只是尝试和学习

九、关于“践行”
——面向130个大公司的实验

我在报纸上经常能看到一些大公司刊登这样的招聘广告：“本公司不限制应聘者的学校、专业、成绩、英语水平等。最重要的是你要有热情。”每当看到这种广告，我就不禁感到可笑。老实说，因为这类广告怀着完全没有希望的期盼前来求职的人太多了。在前面我已经谈过这方面的问题，在这里，我想介绍一个我自己做过的实验，略有些无厘头，略有些伤感。

“我们正在寻找独特的人才。”

眼下也有不少企业这么打广告。我开始好奇，真的是这样的吗？我做了一张大企业、国有企业、外企等130家企业的清单。然后分别给他们发了如下邮件：

您好，我是应聘者金度润，我很渴望能到贵公司×××团队工作。

我非常渴望做×××职务，虽然知道现在不是招聘期，但还是想发一封邮件来咨询一下。我认为，对于求职者来说，公司固然重要，但能不能做自己喜欢的事情也是不可忽视的。

所以说，职务同样非常重要。最近新员工的辞职率达到了29.3%，据我所知，其中最大的原因就是这一点。

所以我热切地期望能够做自己喜欢的事情。但在正式招聘时我没有看到×××职务的信息，所以想通过邮件的方式表明我的心意。我知道自己还有很多不足，但做好了学习任何事情的准备。如果能够申请×××职务，就算业务量大需要加班，我也会感到荣幸。盼复。

下面是我的一些简单的自我介绍和文件。

- 简历/自我介绍
- “了解金度润”调查问卷
- （报道我的）新闻报道两篇
- 汇报资料

非常感谢。

金度润呈上

猜猜结果如何？虽然我在发送这些邮件之前就已经非常清楚结

果，但还是想确认几点。这样我就可以得到想要的答案，也能够更加现实地考虑就业问题了。

我当时列下的企业清单如下（在联系过程中遗漏了几个企业，留有准确记录的总共是124个）。

序号	公司名称	确认收到邮件	序号	公司名称	确认收到邮件
1	三星电子		17	Paris Croissant	
2	浦项制铁公司		18	Crown食品	
3	现代汽车		19	好丽友	
4	SK通讯		20	新世界食品	
5	乐天百货		21	三星爱宝乐园	
6	LG电子		22	Modu旅行	
7	韩进		23	东西食品	
8	S-oil		24	Daesang	
9	斗山工程机械		25	农心	
10	CJ		26	BR Korea	
11	新罗大厦		27	SPC集团	
12	现代峨山		28	Hyosung 集团	
13	海泰食品		29	现代海上火灾保险	
14	HITE啤酒		30	现代证券	
15	Hana旅行		31	韩华集团	
16	圃美多		32	韩国城市银行	

续表

序号	公司名称	确认收到邮件	序号	公司名称	确认收到邮件
33	Hayi投资证券		56	三星物产	
34	保诚集团		57	韩国天然气公司	
35	新韩金融投资		58	宝光Family Mart	
36	三星货运		59	Living Plaza	
37	三星信用卡		60	东部速递	
38	三星证券		61	大韩海运	
39	三星人寿保险		62	大韩航空	
40	VC信用卡		63	大宇国际	
41	未来资产证券		64	教保文库	
42	未来资产人寿		65	STX集团	
43	Merits火灾海上保险		66	LG商社	
44	Metlife人寿保险		67	GS零售	
45	Merits证券		68	GS加德士	
46	东洋综合金融证券		69	可隆集团	
47	东洋人寿保险		70	第一毛织	
48	大宇证券		71	Eland	
49	教保人寿		72	LG时装	
50	SC第一银行		73	一同制药	
51	KB人寿保险		74	韩国轮胎	
52	现代速递		75	爱敬	
53	Hiplaza		76	东亚制药	
54	Hi Mart		77	绿十字	
55	Ebay Market		78	广东制药	

续表

序号	公司名称	确认收到邮件	序号	公司名称	确认收到邮件
79	LG生活健康		102	韩松纸业	
80	三千里		103	韩独制药	
81	现代Oil Bank		104	LIG损害保险	
82	新世界百货		105	中外制药	
83	新世界E-Mart		106	钟根堂	
84	现代百货		107	圣都	
85	海泰饮料		108	SL	
86	现代建设		109	LG电子 - HE总部	
87	安哲珠研究所		110	韩国三角洲	
88	三星SDS		111	Hyosung丰田	
89	韩国富士施乐		112	多尔高端材料	
90	福喜世		113	Yisu集团	
91	LG U+		114	东宇	
92	KT		115	SeA炼钢	
93	三星重工业		116	Hynix	
94	韩进重工业		117	现代重工业	
95	Nexen轮胎		118	韩国养乐多	
96	现代电梯		119	HanaSK信用卡	
97	起亚汽车		120	乐天集团	
98	真露		121	LG CNS	
99	雄震集团		122	新韩银行	
100	第一制药		123	GS SHOP	
101	Hansaem		124	Toto体育	

我发送的都是招聘负责人的邮箱，所以不管有没有确认收信标记，对方应该都看到了邮件。不过回复我的企业只有10家。其中一些回复如下。

炼油业某企业：

您好。我是×××招聘负责人。非常感谢您对本公司的关注。您发的简历和相关内容我们已收到。您在很多方面都有着出色的能力和经验，也有足够的竞争力。本公司面向应届毕业生的招聘只在下半年进行，新职员只能通过官方招聘选拔。故希望您能够在九月份的官方招聘会上联系我们。

不过我们每年招聘的专业和人员都有差异，今年下半年×××岗位是否招聘还待定。请您于九月参照官方主页的公告，若有适合的职务，就请递交申请。感谢您的支持。

金融业某企业：

您好，金度润先生。首先非常感谢您对本公司的关心。同时很欣赏您积极的态度和意志。不过，本公司×××部只招有经验的社员或通过内部人事调整补充。希望您多关注本公司日后的正式招聘。愿好运与您同在。谢谢。

这样的结果可能比你想象的惨。

不过都在我的预料之中。因为我很清楚学历天国韩国的现实状况，我都亲身经历过。

我很好奇毕业的时候凭着我的背景能够通过多少个企业的招聘审核。在递交申请之后，我发现只有百分之三十左右。这比其他准备应聘大企业的大学生更低。

难道是我的背景有问题？我非常不甘心，也非常好奇，于是参加了Incruit[①]主办的简历/自我介绍大赛。登录官网，我把之前写的自我介绍贴了上去。我的目的并不是获奖，而是想让我的自我介绍受到客观的评价，所以才用了平时常用的自述。

结果呢？全国第二。事实上很多看过我自述的大企业人事部部长都对我赞不绝口。不过我为什么会落选呢？据我估计是因为学历和英语成绩，而且在我这次对130家大企业的调查实验中我也得到了同样的结果。

通过这次实验我得到了一些体会。

第一，所有企业虽然都口口声声说要寻找独特的人才，但换句话说，他们面向的对象并不是“我们”。我花了好几天给130家企业发了邮件，但只有10家企业回复了我。剩下的120家企业为什么连回复都没有呢？可能这么说有点儿伤感，但我认为他们是嫌麻烦。

我之所以会发邮件，是想让他们看到具有独特经历的我用更加

① Incruit：韩国就业门户网站。

独特的方式展现自己的热情。不过企业却不会对这些感兴趣。

而且我不是那些企业想要的人才。人们可能会问“你不是明明有独特的经历吗”，但不管我如何努力，都还不是能够养活几千人、几万人的人才。我从一些企业的人事部听过这样的话：企业口中所说的独特人才是那种能养活几千人、几万人，能改变企业未来的千里挑一的人才。这样的人才在国内的名牌大学里都很难找到，所以他们会去哈佛、MBA等地方进行专门招聘。对他们来说，我就是一个不值一提的存在。

第二，可以通过不同的方法申请不同的职务，来展现你的求职意向和热情。如果我向营业部递交申请，就肯定会有更多的企业回复我，说不定还能达成聘用意向。营业职务的基本素质是什么？正是积极的态度和热情。而且我还有多样的经历，对方应该会很喜欢我吧。不过很可惜，我喜欢的是别的领域。

第三，就算失败，你的热情也会改变别人对你的看法。我发完邮件的一个多月后，一家企业的人事部负责人给我打来了电话。他说：

“感谢您的来信。我猜金度润先生现在已经在别的企业工作了。因为金度润先生的邮件给我们留下了非常深刻的印象。我在人事部干了四年，也见过数万名求职者，但金度润先生是最棒的。请不要觉得您是错的。金度润先生的方法完全没有错。我们公司现在没有您想要的职位，所以没办法雇用您，不过今后会继续关注您的。”

那位负责人和我至今还是非常好的朋友。

通过这次以失败告终的调查实验，我们要对自己说，虽然我失败了，但我为了寻找不同，做过了这样的尝试。你是不是也能尝试一下这样的辛苦和努力呢？

好累——每一个努力过的人都会这么说

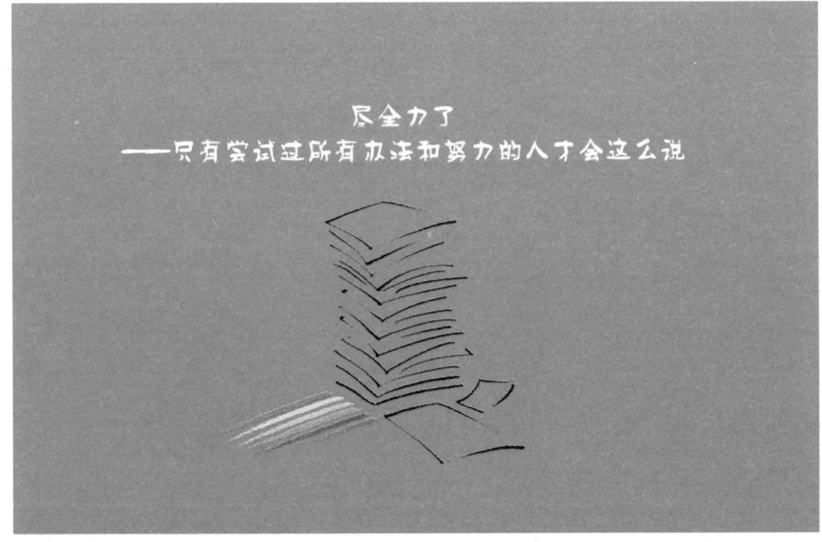
尽全力了
——只有尝试过所有办法和努力的人才会这么说

十、关于“努力”
——你说你已经尽力了，但你真的尽全力了吗？

上初中和高中的时候，我们觉得学习很累，但那个时候都以为自己至少能上个地方国立大学或首都的大学，而且大学毕业之后至少能在一家知名企业工作，退休之后也会在差不多的房子里生活、安度晚年。不过现在还在做这种梦的人恐怕连一半的一半都不到了。我们到了该从幻想中醒来接受现实的时候了。我们之前做的都是非常完美但非常纯粹的梦。

人不可能想怎么样就能怎么样。前辈们经常会说，生活中有得，就有失，这是一种交易。尽管如此，很多学生们玩儿了所有想玩儿的，做了所有想做的，却还在抱怨就业困难、托业成绩不好等等。我想问这些人一句：“你一天三餐没落过一次吧？在SNS和朋友们聊天聊得很过瘾吧？一个星期怎么也得出去和朋友喝一两次酒吧？”

我对几百个学生问过这样的问题，但能平心而论说出“不”的人却不到十个。那他们到底做过什么努力呢？对于他们来说，有和朋友们一起挥霍的青春，却几乎没有为自己的未来努力的空闲。

我在大学演讲时总会这么说：

“各位，考完试要找工作了，是不是很闹心？已经投过几次简历，参加过几次面试的人是不是更闹心？在座的各位中有太多成天喊累的人，却很少有倾尽全力的人。你是不是觉得‘我可不是’？那么接下来请让我确认一下。各位说说找工作的方法有哪些呢？大型招聘会？嗯，没错，这是最典型的方法。通过实习转为正式岗位？嗯，是第二个典型的方法。

“现场现在有二百多位同学，但找工作的方法就只有这两种吗？如果没有别的，就让我来说说我找工作时的方法吧。加上各位说的两种，我一共试过五种。第一，直接去单位递交简历，亲自说想在这里工作。不过我去的那家企业却委婉地说不会雇用我们学校的学生。第二，向企业发邮件。我在发了邮件之后，简历很容易就通过了，而且到了面试的时候也有相关负责人认出了我。第三，在报纸上登广告。我说我有想做的事情，有意向的单位可以把我领走。你猜怎么样？实际上有过几个企业表示出了极大的热情，并让我和人事部的人直接面谈了。

“好，我再问一句。各位，就业很困难吧？不过各位到底付出了多少呢？有没有给想去的单位发过邮件呢？有没有打过电话呢？各位只是在既定的框架内付出过努力而已吧？真正的努力不是这样的。所谓“努力”是为了实现目标，尝试了所有可能和不可能的方法。每个人都有权利说自己累，但可以说自己倾尽过全力的人却少之又少。”

高成德律师说过：“如果我的竞争对手说没想到我会做到这种地步，那么我就有足够的资格说我努力过了。”我也有过这种难忘的经历，那就是练习说话。

我从小就非常胆小，基本上没出过头，不过我是真心想把话说好。所以我尽量不错过所有演讲的机会。有一次朋友听完我的演讲说过这样的话：“度润啊，以后就不要做演讲了，你的声音、双手，你的两条腿都抖得跟风中的柳叶似的。”

我什么话都没说，因为他说得一点儿都没有错。

我反复思考着怎样才能说好话，后来我决定参加中央选举广播辩论委员会主办的全国大学生辩论大本营。在那里，我遇到了被誉为国内最棒的辩论主持人之一的郑冠勇先生，我鼓起勇气问了他一个问题。不过当时在一百多人的会场里，我的声音颤抖得很厉害，只好承受所有人的嘲笑。不过我并没有被那些嘲笑声吓倒。

随后在无数场合中，我强迫自己练习在别人面前说话。为了不让自己的思维方式走进死胡同，我看了很多书，结果在2008年的全国大学生辩论赛上，我进入了十六强，尽管在十六强赛的第一轮比赛中我被冠军队刷了下来。

我再一次尝到了失败的苦头，我没能站在最后的领奖台上。不过我还是没有放弃。虽然没有得到最终的成功，但我知道自己的确成长了。

2009年全国大学生辩论赛开幕，我不顾周围人的劝阻执意重新回到了这个舞台。在一年的时间里我经历了一百多次会议邀请及演讲，看了二百多本与演讲有关的书，有了和去年天壤之别的自信心。最终在那次大赛中，我从二百多名参赛者中脱颖而出，得到了留给最终八个人的演讲者奖。

当天我并不是因为拿了奖才那么高兴的，而是我深深地被我自己的挑战精神打动了。一年之后，我在企划财政部主办的全国演讲大赛中荣获了第一名。

我们的人生其实也是一样的。人生不会轻易地对谁说OK。它有时会让你蒙受羞辱，有时会让你遭遇失败，而这就是我们的人生。不过不能把这看成是命运，要把羞辱转化为热情，要用自信心来应对失败。直到我们的梦想终究实现，直到每个人都不得不承认我们，否则我们绝对不可以向命运下跪，要不断地给热情充电。《中庸》中有这么一句话："人一能之，己百之；人十能之，己千之。果能此道矣，虽愚必明，虽柔必强。"意思是说别人一次就能完成的事情，我会重复一百遍。别人做十遍，我就做一千遍，别人做一百遍，我就做一万遍。努力这种东西终究会让愚人变成智者，把柔弱变得坚硬。

不管是谁，都会对第一次做的事情产生恐惧感。我也不例外。不过遇到这种状况时，有些人会选择逃避，而有些人则会正面迎上去战胜它。

当你在人生旅途中遇到困难时，是会继续逃避呢，还是不管三七二十一先碰一碰再说呢？选择的人是你，当然由你定，但要记住，结果可能会截然不同。

不久前我在网上看过一部有趣的漫画。“四岁的儿子在玩手机游戏的时候一看到‘fail’就开心得不得了。父亲问他知不知道那是什么意思，他说是‘失败’。父亲又问他失败是什么，儿子回答道：‘就是重新开始’。”

我们所需要的不正是像这孩子一般的心态吗？

你的铲子是用来填坑的

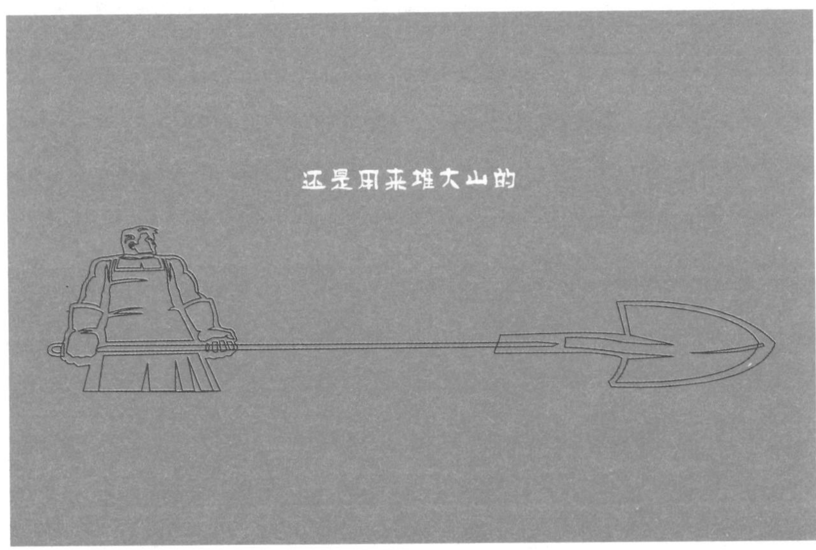
还是用来堆大山的

十一、关于“强势”
——为什么所有的人都渴望变得“平凡”？

这一章可能与第一部分中的内容有些重复。不过就算再提一次也没关系，因为它有足够的重要性，所以我想在这里再强调一次。不过我想用和第一部分中不同的方式来阐述。

盖洛普的“优势识别”数年调查结果表明，知道自己优势的人是最有能力的人。不过大部分人会把大量的时间花在弥补自己的弱点上。你是怎样的呢？如果说大企业的平均合格线为托业850分以上、成绩点3.8以上、资格证书两个以上的话，你是要提高你擅长领域的分数呢，还是要弥补你不足的部分呢？大多数人会选择后者。托业分数超过900分的人会竭尽全力再去拼满分，但努力去考同声传译专业资格证的情况几乎见不到。就这样，所有的学生背景条件都变得差不多，就算好不容易进了大企业，也无法摆脱做一个普通白领的命运。

我并不是一开始就有这种体会的。在看到哈佛管理学院的文英美教授写的《与众不同》一书之后，我才领悟到了这一点。

书中记录着如下的内容：

“在用图表确认自己竞争力的时候，会出现意想不到的事情。参与竞争的所有成员都会把重点放在完善自己的弱势上。就算他们在具体的某个项目中得到了惊人的分数，也无法摆脱渴望补充不足部分的诱惑。今天大部分企业同样无法走出这样的诱惑。这样一来，职员们最初的目的就会发生变化，个性也会被磨灭，业务环境也会变得平凡。”

在大多数人想方设法弥补自己弱项的时候，极少有人会想到去尝试加强自己的优势。结果大多数人都变得平庸，而剩下的那极少数的人则变得更加独一无二。

幸好我本能地选择了做那一部分极少数的人。至于那些我不擅长、又不想做的事情，我干脆放弃了对它们的所有欲望。我从小就非常讨厌学习英语，成绩也不怎么样。身为韩国人，我连母语都说不好，干吗要费那么大劲地去学其他国家的语言呢？所以上学的时候，自从托业考试考了420分之后，我就干脆放弃了英语。

我在某家大企业实习的时候，那里除我之外几乎所有的实习生都参加过语言研修，我在跨国交流咨询公司实习的时候，除我之外剩下的七个人都在国外上过学，甚至还有个人出身常春藤。在这种情况下，按道理讲，我应该会为自己的英语担心，但不管是当时还是现在，我都没有学英语。因为我压根儿就不觉得英语是我的优势。

相反，对于自己擅长的部分，我从来就没有放慢过学习的脚步。结果，我在参加的十七次公益展上全部获了奖，还得到了总统的表彰。获奖经历超过十次之后，只要看看公益展和队友们，我就能估计出谁可能拿第一名，还能感觉到什么样的创意能够获奖。就这样，我的洞察力变得越来越敏锐，无论在什么状况中，我都能做出合理的选择，有些朋友还说我是“8驱驱动力”，我的思维和行动几乎是同步的。

我想以这样的经历问问你：你现在所做的事情是在填补你的缺口呢，还是用比别人更突出的基石再垒加你的房子呢？

Chapter 7

走向残酷世界之前，你需要懂的事

在一个名为《新员工》的选拔节目中，

一位处在淘汰边缘的女应聘者哭诉道：

“请您考虑考虑我吧……我一定不会让您后悔的。”

当时我就想，这个女的太上杆子了，太轻贱自己了。

“这个女的要干吗，连自己的感情都控制不好，居然还能说出这样的话。”

不过过了一段时间再想想，

我觉得那个女生真令人羡慕。

“她该有多喜欢那个岗位，有多渴望那份工作，

才能说出那样的话啊！”

你的人生，不是凌驾于你之上而无法超越，
也不是你要超脱于人生之上，把它踩在脚下

你的人生，需要你在成长和经历中成就

青春的使命不是“竞争”，而是“成长”

我们小时候玩的很多电脑游戏都是和“三国”题材有关的。玩三国游戏的人几乎百分之九十以上都会把刘备选为主公。因为这样更有意思，也更有意义。

不过有趣的是，就算玩同样的三国游戏，当和朋友或兄弟两个人一起玩的时候，你肯定会争着抢着选曹操或董卓。因为曹操或董卓有更多的财产，也有更多的兵马，打仗的时候肯定占优势。但这样一计较，一个人玩游戏的时候所能体验的乐趣或意义就瞬间被抛到脑后了。

在现实生活中，很多人也无法放下玩双人游戏时的心态。韩国的父母们在培养孩子的时候过分强调要“赢”。不管是学习方面，还是运动方面，大多数人都无法忍受自己的孩子被隔壁邻居家的孩子打败这一状况。隔壁家的孩子上著名的辅导班，那我家的孩子就一定要跟上，这就是韩国父母的共同心态。就这样，口口声声地说要让自己的孩子具有更强的竞争力，却不知道他们走的其实就是其他人走过的一样的路。美国的父母会教孩子“要走别人没走过的新路”。至于哪一种方式更合理，我想你是知道的。只不过真正实行起来就没那么容易了。

到现在为止，我们说过的话题，都不是要刺激你的求生欲望。我们的故事不是为了让你变得比谁更了不起，也不是为了战胜谁。我们说的仅仅是想让你自己变得自信，在任何人面前都不会失去锐气，能够大声喊出自己的价值。我们的初衷不是想看到你战胜谁，而是想对你昂首挺胸的姿态给予鼓励。

再强调一次，既然是青春，那么其意义就不在于战胜他人，而在于找到你自身的成长历程和存在感。如果能够找到真正的自我，和其他人竞争就变得没有什么意义了。选择刘备时你的心态其实就是你对人生的心态，这一点千万不要忘记。我有多大的价值，我要从中实现怎样的意义，最重要的是我能够通过这样的过程成长多少、快乐多少，而你的标准就应该是这些。不要让毫无用处的别人的相对评价使你变得傲慢无礼，进而阻碍自己的发展。

我曾经在有全世界五十三个国家的最高领导人和四个国际组织的代表出席的“2012首尔核安保高峰会谈”中兼职。看着全世界各地的领袖，肯定能感受到人家身上有不少自己要学习的地方，但我感受最深的是他们身上的“谦逊”。有人会认为这些国家首脑成天看着高层人士，对一般人根本就不屑一顾，但我觉得事实恰恰相反。此后我开始更加重视和尊重一个人，一个人的价值。但社会的现状是，越是社会地位高的人，谦逊程度就越差。

医生或律师等专业人士仿佛自己掌握着特权一样对顾客傲慢无礼，晚年生活得到保障的教授顾的不是学生而是论文职称，深陷权力欲的国会议员想方设法对老百姓作威作福。但了不起的国会议员上面还有一位总统，而且比那些总统更受人们尊敬的人还有很多。比你了不起的人不论何时何地都有不少。所以我们不要有一点儿成就就自以为是，提出过分、无理的要求。变得了不起了也不要傲慢，相反，就算你一无是处也不要气馁。

我曾在地铁站里看到过一位唱《人比花美》的大叔。那位大叔即没有受到数千、数万听众的喜爱，也没有能打动人心的唱功，却过着有价值的人生。有些人会说舞台简陋，他唱得也不怎么样，乐器又是破烂，我很想问问这些人：你有能力让一些人那么兴高采烈地一起跳舞吗？

挑战、失败，新一轮的挑战。很多人不习惯失败、害怕失败，从未有过自信。不过失败这种东西时间长了慢慢地就习惯了。而且只有习惯了，你才能展示出真正的自我。害怕失败的击球者绝对打不出全垒打。当你打出人生的全垒打之后，可能就会明白，之前的失败仅仅是他人的目光而已，而失败本身对你自己则是一种真真切切的成长。

让你的努力得到阳光呢，
还是让你的努力发出光芒呢

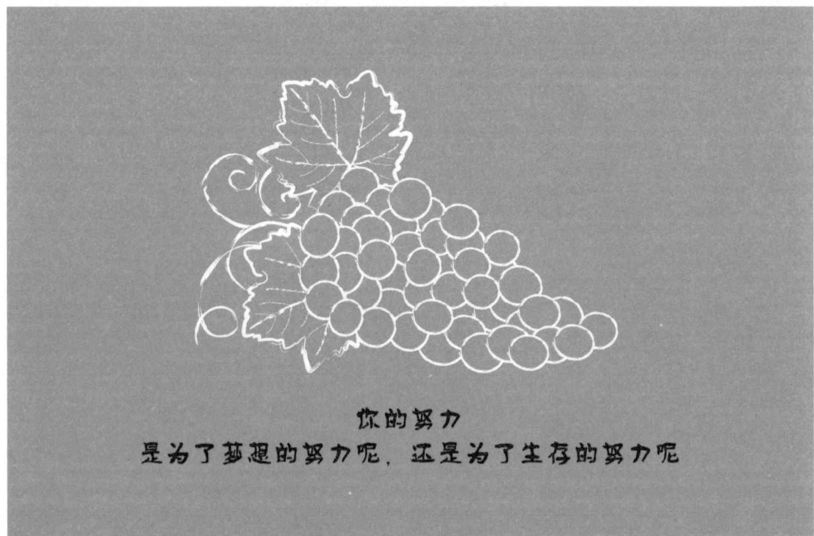
你的努力
是为了梦想的努力呢，还是为了生存的努力呢

到死都不会放弃的事，就是你自己喜欢的事

不久前一个电视节目问一千名小学生将来希望从事什么职业，结果公务员占据第一位。如今的韩国，连小学生的梦想都变成了好好学习，上好大学，得到稳定的职业。是不是有点儿太现实功利了？

我从二十七岁开始立志要成为“韩国动力No.1”，为实现这个梦想，我在能够提高我能力的交流咨询公司开始了我的社会生活。所以对我而言，在公司里学做事情本身就是一件非常开心和幸福的事情。不过我知道，不是所有的人都跟我想得一样，所以我觉得自己是很特别的幸运儿。

已经工作的前辈或同事经常说这样的话：

“啊，真不想上班啊。今天又要加班了，太压抑了。”

这些话里透露的信息有一个共同点就是他们对自己的工作没有一点儿兴趣。奔波于找工作的人可能认为这是身在福中不知福，但在我看来，职场上人们的压力的确很大。但是他们为什么会那么无聊呢？因为他们的工作不是他们最开始喜欢的事。

这从另一个方面说明，我们青年时代的梦想仅仅是找到工作而已。

不过就业终究不能成为梦想。就业只不过是我们朝着梦想迈进的环节之一，也只有这样，它才具有意义。因为就业是我们迈入社会的开始。我们两个笔者都在这本书里介绍了参加公益展获奖的经历，但我们都不是为了就业而参加公益展的。假如我们明明不愿意做，却硬要把简历投过去，强迫自己去参加公益展，就会像做寒假作业一样没有热情，更不用指望这样的准备获奖了。近年来，大学生们都积极于参加公益展、海外无偿奉献、实习等，不过如果你参加这些活动努力的目的不是为了发展自身的能力，而是为了将来就业，那么我告诉你，你获得的所有奖状和证书未来都不过是一张张废纸而已。

很多人会说，自己不光是为了就业，也为了发展能力。那么，按道理讲，在就业之后就应该继续为成长进行自我开发才对。不过很可惜，大部分人一找到工作，就会把自己的梦想和自我开发忘得一干二净，天天守着薪水。接着就会对自己的工作产生不满，到处打听有没有更好的公司。实际上，“韩国职场”做过有关“对自己的职业是否满意”的调查，结果表明，有58.5%的人回答“不满意”。悲哀的现实。

话虽这么说，但我的职场生活才只有一年时间。我之所以觉得自己有资格唠叨这些，是因为我并没有在为实现梦想而付出努力的过程中偷过懒。在不断加班的环境下，我也缩短了自己的睡眠时间，争取时间考过了七个资格证书，完成了管理教程，并和我们公司三十位出色的领导交谈过。另外，我的梦想和努力得到了认可，虽然年纪还轻，却当选了“大邱广域市创造更好的大邱委员会”咨询委员。

我的梦想可以让“我的青春更像青春”。为此，我去三星电子、KT&G、高丽大学等进行过演讲，还担任了雇用劳动部青年导师。不管我做的所有事情是为了他人，还是为了自己，最终都归结为我在做我喜欢的事。

有梦想就不会觉得疲惫。决定你的努力会变成反光的白纸还是会变成发光的宝石的因素只有一个，那就是你的努力到底是为了梦想的努力，还是为了生存的努力。

苹果公司的新员工进入公司的第一次，会接到含有这样内容的一封信：

“有一种工作只是工作，但有一种工作是你终生所求。这种工作对你而言草木皆情，做这种工作你从来不会妥协敷衍，这种工作会让你甘愿牺牲周末。在苹果你就可以找到这样的工作。在这里工作的人们不是为了寻求安稳，而是为了潜入最深处探寻。”

这段话是不是能让你为之付出一切呢？虽然这是一段饱含苹果自信和傲慢的文字，但的确会让人心跳不已。

我经常在演讲中这么说：

“我认识一个人，他渴望进入金融业，却在服务业工作，我还认识一个人，这个人渴望在服务业工作，后来却去了物流业。他们对我说：‘哥，我觉得这个工作挺适合我的。’果真是这样吗？如果是发掘了自己内心新的兴趣领域，那的确是万幸，但大部分人不是这样的。那些事情终究不适合他们。他们仅仅是因为太着急找工作了，而放弃了自己喜欢的事情。我对这些找到工作的后辈表示恭喜。但如果渴望成为银行职员的人成了银行职员，渴望成为音乐人的人成了音乐人，那我就会为他们送上喝彩。因为他们做了值得喝彩的有价值的事。我也希望各位过上能得到他人喝彩的生活。”

国际救济组织世界宣明会的紧急救援小组组长韩飞野先生在自己的著书《那就是爱》中说过这样的话：

“当那些认为自己的人生非常成功的人取得了一些成就时，我们都会和他们一起高兴，并送出真诚的祝贺和掌声。那是因为他们实现了大家共同的梦想。这也是这些人的一个共同点。”

这句话也是我人生的座右铭。我也希望我所做的事情能够让周围的人跟我一起高兴，同时希望你能做一些能得到他人喝彩的事情。

万事开端于你对自己喜欢的事情不离不弃。

我们在选择就业单位时，人事部负责人对我们进行面试时，没有人想过，也没有人问过这些问题。如今请你们问问自己：“我喜欢这份工作吗？”也请人事部的人问一句：“您喜欢这份工作吗？”

为了幸福，一路奔跑

回首才发现，
跑过那条路的过程本身就是幸福的

你需要奔跑的最重要理由，就是为了自己的幸福

“大专辍学，二十四岁考进地方大学，父亲是出租车司机。”

如果让我总结我二十六岁之前的人生，恐怕只有这三句话。换句话说，我身上没有能在韩国获得成功所需的“学历、人脉和金钱”。不管是内部还是外部，我所处的环境没有一点儿是有利的。正是这样的我日后受到了总统的表彰，做了很多次演讲，甚至还出了书。人们对我说：“您的生活真是努力啊，您应该很辛苦吧？”

这句话，只有一半是对的。我虽然比任何人都努力，但我并没有觉得辛苦。如果我积累的那些经历完全是为了增强自己的竞争力，而不是为了梦想，那么我肯定会觉得很辛苦。不过我在感受到辛苦的同时，拥有了自己的梦想，为了实现这个梦想我读了很多书，而且走出校门之后我还在不断地学习，我本身非常享受这一过程。所以我整天废寝忘食、大汗淋漓地到处奔跑，流了不知道多少

次鼻血，就这样，我踏上了学习的道路。

为什么？

因为我想变得幸福。

我希望你也能做自己喜欢的事情。不管是大企业的精英人才，还是青年运动员，无论是什么，最好朝着自己喜欢的事情前进。这样一来你就不会感觉那条路有多辛苦了。就算少睡几个小时，就算没时间和朋友们喝两杯，你的脸上也会挂满笑容。因为这个地球上能够做自己喜欢的事情的人属于运气“极其”好的人，而你就是其中一员，是个幸福的人。

也许你正在这个过程中，站在极其不利的起跑线上感受着痛苦，生活中你也会经常抱怨环境。因为条件这个东西不是你想无视就能无视掉的，不过就算你抱怨，又能有什么改变呢？每当遇到这种事情时，希望你也能像我这样想一想：

“我们每个人遇到的逆境也许都是一样的。不同的也许就是我们每个人面对逆境时的反应。”

为写这本书，我变得更加努力，其实说实话，就算我克服了重重难关走到现在，我也不敢说我是最辛苦的人。因为没有钱，一日三餐只能吃泡面的学生、父母离世的学生、身体有残障的学生，在这些学生面前，我又怎敢自称辛苦呢？不过我们明白一个事实：即使是处在不顺的环境中的人们，也肯定有很多人获得了令其幸福的成功。那么，我们是不是可以做这样的假设：我们所遇到的逆境和环境仅仅是存在形态上的差异，其本质都是一样的。所不同的，就是我们每个人对这种状况的态度。

这种态度会决定我们的未来。你会慢慢发现，当你下定决心要开始挑战这个世界的时候，困扰你的逆境已经不再是什么障碍了。

回顾过去，其实我短暂的人生就是这样过来的。我为了变得幸福而不断地奔跑着，但最后我发现我一路跑过来的这个过程本身也能给我带来幸福。不管你为了什么而奔跑，希望你的最终目的是幸福。希望你能有这样的心态、这样的姿态和这样的态度。

如果通往梦想和幸福的路有特定的出发时刻

NOW
那这个时刻就是现在

梦想的起点就在“当下”

我们无时无刻不在寻找着获得幸福、实现梦想的答案，为了考好试，为了得到更高的学分，为了提高托业成绩……我们时时刻刻都在埋头寻找答案，但它离我们其实并不远。正因为它就在我们面前，所以我们才看不清，它就是能够实现你梦想的“意志”。这个世界已经有太多用来帮助你实现梦想的好方法和名言了，几乎每个洗手间的墙壁上都能见到，但具有能够实践那些 “意志”的人却少之又少。因为实践起来的确不容易。

所以很多人明明知道答案，却渴望得到新的正解。他们期待得到能够让目标更加容易达成的“秘诀”。不过如果你有这样的想法，我劝你还是趁早打消为好。因为无论怎样，最最重要的就是能够应用那些方法，能够实践那些名言的“意志”，而需要履行你这种意志的时刻就是“此时此刻”。

人生中最重要的时刻一定是“当下”。我们的语境中，词汇里有表示昨天和明天的词，但这些却不存在于现实世界中，“现在”过一段时间就会变成昨天，等一等“现在”就会变成明天。终究存在的就只有“现在”。

不活在“当下”的人是不会有昨天和明天的。把所有的经历和热情都撒在今天，去正面碰撞人生吧。

这就是把存在于世上的时间转化为属于你自己的时间的方法，这就是寻找梦想的方法。

有很多人说，我没有梦想，所以没有能做的事情。换句话说，其实就是你没有做过任何事。我看到过不少干过很多事情之后都没有找到自己梦想的人。和世界正面碰撞一次吧，那之后你就知道理想和现实之间的差异，能够亲身体验到什么是你真正喜欢的东西了。为什么连挑战都不试一试，或者仅仅因为失败过几次就产生放弃的念头呢？无论多么辛苦、多么孤独、多么疲倦，都不要退缩。在原地坚持，再坚持。只要坚持一会儿就能重新迈向前方。我走过的人生就是这样，此时此刻也是。

当下的瞬间，不要停下，不要休息。能够为你创造梦想的时刻正是“当下”。没错，幸福的瞬间也是当下。

结语
献给和我们一同走到最后的你

不知不觉我们已经走过了三十个年头。回头来看，我们刚刚走过青春二十。

如果有人问我们青春二十什么样，

我们会说，青春二十像地狱。

我们收获了很多奖，但为了更出色不分昼夜努力过，

我们收获了很多经验，但受到的伤并不比经验少。

不管怎么准备，现实的高墙总是那么高，

比起一定能成功的信念，

我们对失败的担忧更多。

要做的事情太多，

但我们所拥有的时间连做喜欢做的事情都不够。

我们承受着学历高墙的压迫，

为了打破那堵墙，我们拼命捶打，直到手脚伤痕满满，

有时透过打出来的缝隙

我们看到的却是更高的墙，此时的感受又岂止是挫折一词可以言说。

就算

拿到地区第一名、全国第一名，

就算拿到官方奖励，受到总统表彰，

我们也不得不时时刻刻居安思危，

不得不刻刻时时保持质疑。

所以，真的很像地狱，至少对于我们来说是这样。

不过

走出地狱的唯一方法就是

不停地走，也只有不停地走。

一路走来，不知不觉间地狱的尽头已经映入了眼帘。

地狱的尽头是新一轮的地狱，还是完全不同的天堂？

我们还未走到，并不知道结果。

然而，

我们在地狱里行走时得到的伤痕、痛苦

变成的一个个伤疤遍布全身，

虽然看起来可能有点儿可怕，但伤痕留下的地方却变得更加坚硬，
这一切造就了更加强大的我们。
我们想对站在这条路上某个地方的你说：
你可能正经历着我们经历过的痛苦，
但这条路肯定有一个尽头。

当你走到这条路的尽头时，
彼时彼刻你受到的伤痛、你经历的过程
就会造就站在那条路上的你。
所以不要害怕受伤，请走下去。
所以不要害怕痛苦，请走下去。
我们在这条路的尽头，
等待着完成全程的你给我们讲述属于你的
独特的故事。

金度润、诸葛铉烈

写下你的梦想执行计划

你想成为什么领域独一无二的人

你想从事该领域中的什么职位

你在你的职位上属于什么类型（职业个性和特长）的员工

你计划如何发挥你的这种长处

你认为要成为这个领域独一无二的人需要读的书：

你今年的读书计划和执行时间表

你认为要成为这个领域独一无二的人需要学习的技能

你今年的技能学习计划和执行时间表

你认为该结识哪些人，并向他们学习

写下他们的名字、联系方式和你约见他们的时间表

你认为该结识哪些人，并与他们建立人脉关系

写下他们的名字、联系方式和你约见他们的时间表

写下你对未来五年自己在从事领域的升职计划

第一年

第二年

第三年

第四年

第五年

一无所有的青春，我们的未来在哪里？

"翅膀天使" 任丹

翅膀不是别人给的，
翅膀要经历痛苦，自己长出来。
我是西单女孩，我为奋斗着的青春代言：
没有翅膀，所以努力奔跑。

——西单女孩

本书作者是自称“地方大学”的人，却做了哈佛大学学生都在做的事！

——李承宪　哈佛大学学生

如果所有大学生都能够按照这本书中的内容行动，这个世界估计就不会再有什么“名牌大学”了。

——尹玉珍　首尔大学学生

我们一直在期待这样一本书，它讲述的是可以让我们从内心里生出共鸣的故事，而不是那种假装理解我们却又空泛说教的书。

——李贞贤　白石大学毕业生

我们的确对未来很迷茫，就业形势一年比一年差，虽然我们学校还好，但是我们也是没有人脉、没有背景、没有经验的人。这本书让我心中踏实了很多，也知道自己以后该怎么做，才能更接近梦想。

——王志　清华大学毕业生

没想到韩国年轻人跟我们面对的现实那么像。作者在书中说的对我很有启发。书里说，名牌大学毕业并不是你未来的保证，能保证你未来的是你要成为一个独一无二的人。这一点给我指明了方向。不过如果我上大一就能看到这本书就更能少走一些弯路了。

——张磊　山东大学硕士毕业生

两个输在了起跑线上的80后青年，没有先天的相貌、家世、贵人等等资源，毕业于遭人轻藐的三流大学。如同没有翅膀的鸟儿，注定了不能飞翔。但他们实践了跪在地上，用双膝奔跑的历程。在膝盖磨坏之前，幸福将他们轻轻托起。

这本年轻人写的书，现身说法、精彩犀利。尤其适宜那些满怀壮志又不知从何开始，期望成功又对现实时常失望并沉湎于幽怨之中的年轻人。不要对梦想偷懒，读完这本书后，请即刻出发。

——毕淑敏　著名作家